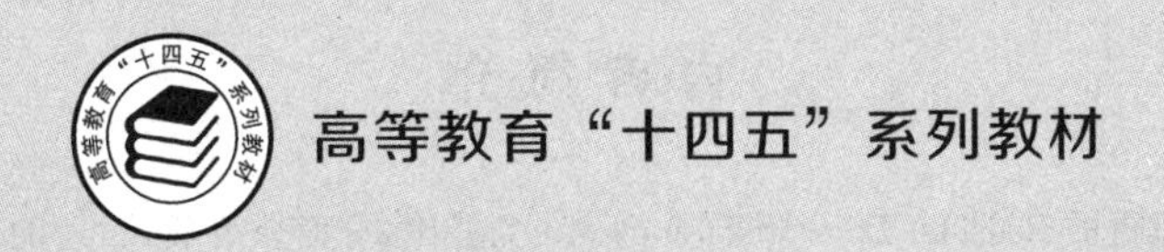

Linux
操作系统基础及应用
（第2版）

主　编◎朱雪平　李恒波　温　静

副主编◎罗　剑　宋华斌　刘珊珊　许兴鹍

華中科技大學出版社

http://press.hust.edu.cn

中国·武汉

内容简介

本书以目前非常流行的 Red Hat Enterprise Linux 8.1 为蓝本，全面介绍了 Linux 的基本管理、系统维护及网络配置等相关知识。本书从实用的角度出发，主要以终端命令方式介绍 Linux 系统的操作及管理方法。

全书内容共分为 9 章，主要包括 Linux 概述、Linux 的安装、Linux 基本命令的使用、Linux 系统中用户与组的概念及相关操作、Linux 文件系统的管理、进程与作业的相关操作及计划任务、Shell 脚本的编写、网络配置方法及远程管理技术、常用网络服务的配置方法等。

本书内容全面、通俗易懂、案例丰富，每章均配有小结及习题，方便读者复习巩固。为了方便教学，本书还配有电子课件等教学资源包，任课教师可以发邮件至 hustpeiit@163.com 免费索取。

本书适合作为普通高等院校计算机及相关专业的教材，也可作为 Linux 培训及自学教材。

图书在版编目(CIP)数据

Linux 操作系统基础及应用/朱雪平，李恒波，温静主编. —2 版. —武汉：华中科技大学出版社，2022.7(2025.2 重印)

ISBN 978-7-5680-8432-1

Ⅰ.①L… Ⅱ.①朱… ②李… ③温… Ⅲ.①Linux 操作系统-教材 Ⅳ.①TP316.85

中国版本图书馆 CIP 数据核字(2022)第 102285 号

Linux 操作系统基础及应用(第 2 版)
Linux Caozuo Xitong Jichu ji Yingyong(Di-er Ban)

朱雪平　李恒波　温　静　主编

策划编辑：康　序
责任编辑：史永霞
封面设计：孢　子
责任监印：朱　玢
出版发行：华中科技大学出版社(中国·武汉)　电话：(027)81321913
武汉市东湖新技术开发区华工科技园　邮编：430223
录　排：武汉创易图文工作室
印　刷：武汉开心印印刷有限公司
开　本：787mm×1092mm　1/16
印　张：13
字　数：347 千字
版　次：2025 年 2 月第 2 版第 4 次印刷
定　价：48.00 元

前言

PREFACE

Linux 系统由 UNIX 系统发展而来，是一套开源的操作系统，用户可以免费获得其源代码，并可以任意地修改和补充它们。这些特点对用户学习及掌握 Linux 操作系统非常有利。

如今，随着计算机技术及互联网的飞速发展，Linux 系统的应用领域越来越广，其所占的市场份额越来越大。随着 Linux 系统在各个行业的广泛应用，企业对 Linux 人才的需求正持续升温。在 Linux 的应用开发、网络服务上，都急需大量的专业人才，这也是业界有识之士广泛关注的焦点。

Red Hat Enterprise Linux 是目前应用较为广泛的 Linux 发行版本之一，本书以 RHEL 8.1 为蓝本，全面介绍 Linux 的基本知识、系统管理及网络应用等技术。本书主要以 Linux 的终端字符界面、多用户、网络操作系统的管理方式进行讲解，兼容 UNIX 的操作理念，抛开了表面的桌面应用，使读者能真正领会 Linux/UNIX 的特性及操作方法。

本书主要面向计算机专业类的学生及学习 Linux 的初中级用户，采用由浅入深、循序渐进的讲述方法，通过大量实用的操作指导及有代表性的实例，让读者能直观、系统地了解 Linux 的基本操作及网络管理方法，并将所学的知识尽快地运用于实践。因此，本书内容全面翔实、案例丰富，浓缩了 Linux 系统的系统管理及网络服务等知识的精华。

本书共分 9 章，各章节具体安排如下。

第 1 章对 Linux 操作系统进行了概述，包括 Linux 的起源与发展、版本、特点及系统结构等。第 2 章介绍了 Linux 系统安装前的准备、在安装过程中要注意的问题、系统的安装过程及启动和关闭。第 3 章介绍了 Linux 的 Shell、简单 Shell 命令、Shell 命令的高级操作、文本处理工具及 vi 编辑器。第 4 章介绍了系统中的用户和组的概念、相关 Shell 命令及文件安全性措施。第 5 章介绍了 Linux 分区及文件系统的概念、文件管理的基本操作、文件打包与压缩、软件包管理、磁盘管理及逻辑卷管理。第 6 章主要介绍了进程与作业的定义、相关操作及计划任务的制定方法。第 7 章主要介绍了 Shell 脚本的基本结构、建立与执行及流程控制语句等。第 8 章介绍了网络配置文件与配置方法、常用的网络操作命令及 Linux 的远程管理技术。第 9 章介绍了网络服务的基本知识，并重点讲解了较常使用的三种网络服务：NFS、Web 及 FTP。

本书由南宁学院朱雪平、南阳理工学院李恒波、武昌理工学院温静担任主编，由武汉大学罗剑、广州工程技术职业学院宋华斌、广东财贸职业学院刘珊珊、广东交通职业技术学院许兴鹍担任副主编，全书由朱雪平审核并统稿。

为了方便教学，本书还配有电子课件等教学资源包，任课教师可以发邮件至 hustpeiit@163.com 免费索取。

由于编者水平有限，书中难免有错误和不妥之处，恳请广大读者批评指正，特此为谢。

编者

2023 年 3 月

目录

CONTENTS

第 1 章 Linux 概述 /1

1.1 自由软件简介 …… 1
1.2 Linux 的起源与发展 …… 3
1.3 Linux 的版本 …… 5
1.4 Linux 的特点 …… 7
1.5 Linux 系统结构 …… 9

第 2 章 Linux 的安装及引导过程 /14

2.1 Linux 系统安装前的准备 …… 14
2.2 Linux 的安装 …… 16
2.3 Linux 的启动与关闭 …… 34

第 3 章 Linux 操作基础 /43

3.1 Shell 概述 …… 43
3.2 简单 Shell 命令 …… 44
3.3 Shell 命令的高级操作 …… 52
3.4 文本处理工具 …… 59
3.5 vi 编辑器 …… 66

第 4 章 用户、组和权限 /73

4.1 用户 …… 73
4.2 组 …… 79
4.3 Linux 文件安全性 …… 81

第 5 章 文件系统 /88

5.1 文件系统概述 …… 88
5.2 从命令行中进行文件管理 …… 92
5.3 文件系统深入 …… 98
5.4 文件打包与压缩 …… 103
5.5 软件包管理 …… 106
5.6 磁盘管理 …… 112
5.7 磁盘配额 …… 122
5.8 逻辑卷管理 …… 125

第 6 章 进程管理 /135

6.1 进程控制 …… 135
6.2 作业控制 …… 140
6.3 计划任务 …… 141

第 7 章 Shell 脚本 /146

7.1 Shell 脚本概述 …… 146
7.2 Shell 脚本的建立与执行 …… 147
7.3 Shell 命令的执行顺序 …… 148
7.4 Shell 脚本中的变量 …… 149
7.5 流程控制语句 …… 153
7.6 函数 …… 163

第 8 章 基本的网络配置及远程管理 /166

8.1 网络配置文件与配置方法 ········· 166
8.2 常用网络操作命令 ················· 167
8.3 Linux 远程管理 ················· 172

第 9 章 网络服务器 /177

9.1 网络服务概述 ······················· 177
9.2 NFS 网络文件系统 ··············· 184
9.3 Web 服务 ························· 188
9.4 FTP 服务 ························· 192

参考文献 /201

第 1 章　Linux 概述

Linux 是当前最具发展潜力的计算机操作系统之一，是现今工业、金融业、商业等多个行业，以及高校、研究所、军队等机构广泛采用的服务器操作系统。其所具备的高效性、灵活性、可移植性、防抗病毒能力等优势已使它成为当今主流的操作系统之一。本着自由软件基金会的自由、开源精神，Linux 操作系统在软件开发与应用及 Internet 的广泛普及中扮演着愈来愈重要的角色。

1.1 自由软件简介

Linux 是自由软件的代表，同时它也是一个操作系统，运行在该系统上的应用程序几乎都是自由软件。Linux 是开源的，编写它的目的是建立不受任何商业化软件版权制约的、全世界都能自由使用的 UNIX 兼容产品。

1.1.1 自由软件的含义

软件按其提供的方式和是否赢利可分为三种模式，即商业软件（commercial software）、共享软件（shareware）和自由软件（freeware 或 free software）。

商业软件是指由开发者出售拷贝，提供软件技术服务，用户只有使用权，不能非法进行拷贝、扩散和修改的软件。共享软件是指由开发者提供软件试用程序拷贝授权，用户在使用该程序拷贝一段时间后，必须向开发者缴纳使用费，开发者则提供相应的软件升级或技术服务。自由软件则是指由开发者提供全部源代码，任何用户都有权使用、拷贝、扩散、修改该软件，同时也有义务将自己修改过的程序代码公开，但不可在分发时加入任何限制。

自由软件的“自由”有两层含义：其一是可自由下载，供任何用户使用；其二是源代码公开和可自由修改。所谓可自由修改是指用户可以对公开的源代码进行修改以使自由软件更加完善，还可在对自由软件进行修改的基础上开发上层软件。

自由软件的出现给人们带来了很多的好处，最明显的是软件的性能价格比高。其次，自由软件的源代码公开，可吸引更多的开发者参与软件的查错与改进。

1.1.2 自由软件相关术语

自由软件运动是由 Richard Stallman 在 1983 年 9 月 27 日公开发起的。它的目标是创建一套完全自由的操作系统。自由软件基金会 FSF、GPL 协议和 GNU 项目就此诞生，掀开了自由软件革命的篇章。

1. FSF 自由软件基金会

FSF(Free Software Foundation，自由软件基金会)是启动 GNU 工程的组织，它的根本原则是：源代码是计算机科学进一步深入发展的基础，而且对于持续的革新而言，可以自由地得到源代码确实是必要的。FSF 是 1985 年由 Richard Stallman 创立的，为了给 GNU 计划提供技术、法律以及财政支持。尽管 GNU 计划大部分时候是由个人自愿无偿贡献的，但 FSF 有时还是会聘请程序员帮助编写。当 GNU 计划开始逐渐获得成功时，一些商业公司开始介入开发和进行技术支持。

2. GPL 协议

GPL(general public license，通用公共许可)协议与传统商业软件许可协议 CopyRight 对立，所以又被戏称为 CopyLeft，就是被称为“反版权”的概念。GPL 保证任何人有共享和修改自由软件的自由。任何人有权取得、修改和重新发布自由软件的源代码，并且规定在不增加附加费用的条件下可以得到自由软件的源代码。同时，还规定自由软件的衍生作品必须以 GPL 作为它重新发布的许可协议。

3. GNU 计划

到了 20 世纪 80 年代，几乎所有的软件都是私有的，这就意味着它有一个不允许并且预防用户合作的拥有者。

每个计算机的使用者都需要一个操作系统，如果没有自由的操作系统，那么如果你不求助于私有软件，你甚至不能开始使用一台计算机。所以，自由软件议事日程的第一项就是自由的操作系统。一个操作系统不仅仅是一个内核，它还包括编译器、编辑器、文本排版程序、电子邮件软件等。因此，创作一个完整的操作系统是一项十分庞大的工作。

GNU 工程已经开发了一个被称为 GNU(GNU 是 GNU's Not UNIX 的首字母缩写)的、对 UNIX 向上兼容的完整的自由软件系统(free software system)，其中 free 指的是自由(freedom)，而不是免费。

GNU 计划，有译为“革奴计划”，是由 Richard Stallman 在 1983 年 9 月 27 日公开发起的自由软件集体协作计划。它的目标是创建一套完全自由的操作系统。Richard Stallman 最早是在 net. unix-wizards 新闻组上公布该消息的，并附带有《GNU 宣言》等解释为何发起该计划的文章，其中一个理由就是要“重现当年软件界合作互助的团结精神”。

由于 UNIX 的全局设计已经得到认证并且广泛流传，自由软件发起者决定使操作系统与 UNIX 兼容。同时，这种兼容性使 UNIX 的使用者很容易地转移到 GNU 上来。

自由的类似于 UNIX 的内核的初始目标已经达到了。1991 年 Linus Torvalds 编写出了与 UNIX 兼容的 Linux 操作系统内核并在 GPL 条款下发布。Linux 之后在网上广泛流传，许多程序员参与了开发与修改。1992 年 Linux 与其他 GNU 软件结合，完全自由的操作系统正式诞生，该操作系统往往被称为 GNU/Linux 或简称 Linux，是一个基于 Linux 的 GNU 系统。估计目前有上百万人在使用基于 Linux 的 GNU 系统，包括 Slackware、Debian、Red Hat 等。然而，GNU 工程并不限于操作系统，它的目标是提供所有类型的软件，无论有多少用户需要它，这包括了应用软件。许多 UNIX 系统上也安装了 GNU 软件，因为 GNU 软件的质量比之前 UNIX 的软件还要好。GNU 软件还被广泛地移植到 Windows 和 Mac OS 上。

1.2 Linux 的起源与发展

1.2.1 Linux 操作系统的产生

Linux 的出现，最早开始于一位名叫 Linus Torvalds 的计算机爱好者，当时他是芬兰赫尔辛基大学的学生，在 1990 年末至 1991 年的几个月中，他为了完成自己的操作系统课程和上网用途而编写了 Linux。

Linus 在自己的 Intel 386 PC 机上，利用 Andrew Tannebaum 教授设计的微型 UNIX 操作系统 Minix 作为开发平台。开始，Linus 并没有想到要编写一个操作系统的内核，更是没有想到他的工作会在计算机界产生如此重大的影响。最初他只是设计了一个进程切换器，然后又为上网需要而自行编写了终端仿真程序，再后来又为从网上下载文件而编写了硬盘驱动程序和文件系统，这时他发现已经实现了一个几乎完整的操作系统内核。这就是最初的 Linux。不过，0.0.1 版本的 Linux 必须在装有 Minix 的机器上编译以后才能运行。之后，Linus 抛开 Minix，重新开发了一个全新的系统，该系统能运行在 386、486 个人计算机上，并且具有 UNIX 操作系统的全部功能。他在 1991 年 10 月 5 日推出了以此为基础的 Linux 0.0.2 版。出于对这个内核的信心和美好的奉献精神与发展希望，Linus 希望这个内核能够免费扩散使用。谨慎的他并没有在 Minix 新闻组中公布它，而只是于 1991 年底在赫尔辛基大学的一台 FTP 服务器上发了一则消息说，用户可以下载 Linux 的公开版本（基于 Intel 386 体系结构）和源代码。从此以后，奇迹开始发生了。

Linux 的兴起可以说是 Internet 创造的一个奇迹。到 1992 年 1 月，全世界大约只有 100 个用户在使用 Linux，但由于它是在 Internet 上发布的，使得任何人在任何地方都可以通过上网得到 Linux 的源代码，并可以通过电子邮件发表评论或者修改源代码。这些 Linux 的爱好者大部分是以 Linux 作为学习对象的大专院校的学生，也有将 Linux 作为研究对象的科研院所的工作人员，当然也有一些大名鼎鼎的黑客，他们提供了所有 Linux 发展初期的上载代码和评论。后来，事实证明这一自由性质的活动对 Linux 的发展至关重要。正是在众多自由软件爱好者的共同努力下，Linux 在很短的时间里成为一个功能完善、性能可靠、运行稳定的操作系统。

1.2.2 Linux 操作系统的发展

由于 Linux 是一套具有 UNIX 全部功能的免费操作系统，它在众多的软件中占有很大的优势，为广大的计算机爱好者提供了学习、探索以及修改计算机操作系统内核的机会。另外，由于 Linux 是一套自由软件，用户可以无偿地得到它及其源代码，可以无偿地获得大量的应用程序，而且可以任意地修改和补充它们。这对用户学习、了解 UNIX 操作系统的内核非常有益。学习和使用 Linux，能为用户节省一笔可观的资金。Linux 是目前唯一可免费获得的、为 PC 平台上的多个用户提供多任务、多进程功能的操作系统，这是人们使用它的主要原因。

目前，全球 Linux 用户已超过千万人，并正在不断增加，许多知名企业和大学都是 Linux 的忠实用户。IBM、HP、Dell、Oracle、AMD 等计算机公司大力支持 Linux 的发展，不断推出基于 Linux 平台的相关产品。

Linux 的应用范围主要包括桌面、服务器、嵌入式系统和集群计算机等方面。

1. 桌面

桌面曾经是 Linux 的弱项。Linux 承袭 UNIX 的传统,字符界面下使用 Shell 命令就可以完全控制计算机。不过,为方便用户的使用,从早期的 Linux 发行版本就开始提供图形化用户界面,但是限于当时的技术,这种图形化用户界面在易用性方面跟 Windows 相比还是有一定的差距,且对应的应用程序选择余地较小。随着 Linux 技术,特别是随着 X Window 领域的发展,Linux 在界面美观、使用方便等方面都有了长足的进步,Linux 作为桌面操作系统逐渐被用户接受。

新版本的 Linux 系统特别在桌面应用方面进行了改进,达到相当高的水平,完全可以作为一种集办公应用、多媒体应用、网络应用等多方面功能于一体的图形界面操作系统。

如果说 Linux 在桌面应用领域还处于推广阶段,那么在服务器、嵌入式系统和集群计算机领域,Linux 则非常具有竞争力,并已经建立起相当稳固的地位。

2. 服务器

Linux 服务器的稳定性、安全性和可靠性已得到业界认可,政府、银行、邮电、保险等业务关键部门已长时间大规模使用。作为服务器,Linux 的服务领域包括以下几个。

1) 网络服务

在 Linux 下结合一些应用程序(如 Apache、Vsftpd、Sendmail 等)就可以提供 WWW、FTP 和电子邮件等网络服务。此外,Linux 系统还被广泛用于提供 NFS、NIS、DNS 等网络服务。

2) 文件和打印服务

Linux 具有磁盘配额管理功能,可以控制用户对磁盘空间的使用;而借助 Samba 等应用程序,Linux 可以轻松地为用户提供文件共享及打印机共享服务。

3) 数据库服务

目前,各大数据库厂商均已推出基于 Linux 平台的大型数据库,如 Oracle、Sybase、DB2 等,特别是 Linux+MySQL 已成为中高端数据库服务器的主要架构方式。Linux 凭借其稳定运行的性能,在数据库服务领域有取代 Windows Server 的趋势。

3. 嵌入式系统

Linux 由于自身的优良特性,几乎是天然地适合作为嵌入式的操作系统。Linux 的主要特点是:源代码开放,没有版税;功能强大,稳定、健壮;具有非常优秀的网络功能,图像、文件管理功能以及多任务支持功能;可定制性;有成千上万的开发人员支持;有大量的且不断增加的开发工具。以上原因使得 Linux 成为最适合嵌入式开发的操作系统,嵌入式领域将是 Linux 最大的发展空间。

但是,嵌入式应用涵盖的领域极为广泛,其特点可能也是极不相同的。所以说,Linux 也不是适合于一切嵌入式应用场合。就其特点来说,Linux 适用于高端嵌入式产品,具体而言,大略有以下几类:移动计算设备,如 HandPC、PalmPC 及 PDA;移动通信终端设备,如上网手机;网络通信设备,如接入盒、打印机服务器乃至路由器、交换机;智能家电设备,如机顶盒;仿真、控制设备。

4. 集群计算机

所谓集群计算机(cluster computer)就是利用计算机网络将许多台计算机连接起来,并加入相应的集群软件所形成的具有超强可靠性和计算能力的计算机。目前,Linux已成为构筑集群计算机的主要操作系统之一。Linux在集群计算机的应用中具有非常大的优势,具体如下。

1) 极高的性能价格比

Linux集群计算机的价格是相同性能的传统超级计算机的10%~30%。构筑高性能的Linux集群计算机不需要购买昂贵的专用硬件设备,利用廉价的个人计算机,并加上很少的软件费用就可以获得极强的运算能力。

2) 极强的可扩展性

在Linux集群计算机中增加单个的计算机就能增加整个集群的计算能力,并不需要淘汰原来的计算机设备,有利于快速扩展集群计算机的计算能力。

经过十多年的发展,基于Linux操作系统上的集群技术已经相当成熟,且已成为发展高性能、高可靠性计算机系统的主要途径。

集群主要分为三大类:LB(load balancing)负载均衡集群、HA(high availability)高可用集群及HP(high performance)高性能集群。负载均衡集群着重于提供服务并发处理能力,高可用集群主要用于提升服务在线的能力,而高性能集群则着重于处理一项海量任务。

1.3 Linux 的版本

Linux实际上有狭义和广义两层含义。狭义的Linux是指Linux的内核,能够完成内存调度、进程管理、设备驱动等操作系统的基本功能,但不包括应用程序。广义的Linux是指以Linux内核为基础,包含应用程序和相关的系统设置与管理工具的完整操作系统。

截至目前,Linux的内核仍然由Linus Torvalds领导下的开发小组负责开发。因为Linux内核可以自由获取,并且允许厂商自行搭配其他应用程序,所以不同厂商将Linux内核与不同的应用程序相组合,并开发相关的管理工具就形成不同的Linux发行套件,即广义的Linux。因此,Linux的版本可以分为两种:内核版本和发行版本。

1.3.1 Linux 的内核版本

Linux的内核版本号由3个数字组成,一般表示形式为X.Y.Z。

X:表示主版本号,同常在一段时间内比较稳定。

Y:表示次版本号,偶数表示此内核版本是正式版本,可以公开发行;奇数则表示此内核版本是测试版本,还不太稳定,仅供测试。

Z:表示修订次数。数值越大,表示修订次数越多,版本相对更完善。

Linux的正式版本与测试版本是相关联的。正式版本只针对上个版本的特定缺陷进行修改,而测试版本则在正式版本的基础上继续增加新功能。测试版本被证明稳定后就成为正式版本,正式版本和测试版本不断循环,从而不断完善内核的功能。

截至2021年10月,Linux内核的版本号为5.15。Linux内核版本的发展历程如表1-1所示。

表 1-1　Linux 内核的发展历程

内核版本	发布日期
0.1	1991 年 10 月
1.0	1994 年 3 月
2.0	1996 年 2 月
2.2	1999 年 1 月
2.4	2001 年 1 月
2.6	2003 年 12 月
3.0	2011 年 7 月
3.12	2013 年 11 月
4.2	2015 年 8 月
4.4	2016 年 1 月
4.19	2018 年 10 月
5.4	2019 年 11 月
5.15	2021 年 10 月

1.3.2　Linux 的发行版本

目前，Linux 的发行版本数量已达数百种之多，并且还在不断增加。但是，无论何种发行版本都同属于 Linux 大家庭，任何发行版本都不拥有发布内核的权利。发行版本之间的差别主要在于包含的软件种类及数量的不同。常见的 Linux 发行版本如表 1-2 所示。

表 1-2　常见的 Linux 发行版本简介

Logo	简要说明	
redhat	简介	Red Hat 是全世界最著名的 Linux 发行版本，由美国的 Red Hat 公司发行。Red Hat 公司能为客户提供完善的服务和技术支持
	版本	2021 年 11 月发行 Red Hat Enterprise Linux 8.5
	网址	http://www.redhat.com
CentOS	简介	CentOS 是基于 Red Hat Linux 的，可自由使用源代码的企业级 Linux 发行版本，其与 Red Hat Enterprise Linux 同步更新，目前应用极为广泛
	版本	2021 年 11 月发行 CentOS 8.5
	网址	http://www.centos.org
fedora	简介	Fedora 项目是由 Red Hat 公司赞助，并依靠网络社区维护的开源项目，其目标是推动自由软件和开源软件快速进步，为 Red Hat Enterprise Linux 的测试版，更新非常快
	版本	2021 年 8 月发行 Fedora 34
	网址	http://getfedora.org

续表

Logo	简要说明	
ubuntu	简介	Ubuntu 以桌面应用为主，且提供智能手机版本，是目前较为活跃的 Linux 发行版本
	版本	2020 年 4 月发行 Ubuntu 20.04
	网址	http://www.ubuntu.com
openSUSE	简介	SUSE 是历史最悠久的 Linux 发行版本之一，在欧洲具有广泛的影响力
	版本	2021 年 12 月发行 SUSE Linux Enterprise 15
	网址	http://www.suse.com
debian	简介	Debian 完全依靠 Internet 上的 Linux 爱好者开发维护，其包含的应用程序最为丰富
	版本	2021 年 8 月发行 Debian 11
	网址	http://www.debian.org
红旗 Linux	简介	中科红旗 Linux 是中国本土开发的较有影响的 Linux 发行版本
	版本	2021 年 3 月发行红旗 Asianux 服务器操作系统(欧拉版)v8.1
	网址	http://www.redflag-linux.com

发行版本的版本号随发布组织的不同而有所不同，并与内核的版本号相对独立。各种 Linux 发行版本各有所长，应根据用户实际需要来决定使用哪种发行版本，以获得最佳效果。

1.4 Linux 的特点

Linux 操作系统在短短的几十年之内得到了非常迅猛的发展，这与 Linux 具有良好的特性是分不开的。Linux 包含了 UNIX 的全部功能和特性。简单地说，Linux 具有以下主要特性。

1. 开放性

Linux 遵循开放系统互连(OSI)国际标准，可与遵循国际标准所开发的硬件和软件彼此兼容，可方便地实现互联。另外，源代码开放的 Linux 内核及组件构成的操作系统发布产品，可通过自由下载而方便地获得，而且使用 Linux 可节省费用。Linux 开放了源代码，使用户能控制源代码，并按照需要对外部软件混合搭配，建立自定义扩展。

2. 多用户

多用户是指系统资源可以被不同用户各自使用，互不影响，每个用户对自己的资源(如文件、设备等)有特定的权限。Linux 系统是通过配置严格权限访问管理机制来实现此功能的。

3. 多任务

多任务特性是现代计算机最主要的一个特点。多任务是指计算机同时执行多个程序，而且各个程序的运行相互独立。Linux 系统调度每一个进程平等地访问微处理器，由于

CPU 的处理速度非常快，其结果是，启动的应用程序看起来好像是在并行运行。事实上，从处理器执行一个应用程序中的一组指令，到 Linux 调度微处理器再次运行这个程序之间只有很短的时间延迟，用户感觉不到。

4. 良好的用户界面

Linux 向用户提供了两种界面：用户界面和系统调用。Linux 的传统用户界面是基于文本的命令行界面（即 Shell），它既可以联机使用，又可存在文件上脱机使用。Shell 有很强的程序设计能力，用户可方便地用它编制程序，从而为用户扩充系统功能提供了更高级的手段。可编程 Shell 是指将多条命令组合在一起，形成一个 Shell 程序，这个程序可以单独运行，也可以与其他程序同时运行。

系统调用给用户提供编程时使用的界面，用户可以在编程时直接使用系统提供的系统调用命令。系统通过这个界面为用户程序提供高效率的服务。

Linux 还为用户提供了一个更直观、更易操作和交互性更强的友好图形化界面，用户可以利用鼠标、菜单、窗口、滚动条等设施管理系统。

5. 设备独立性

设备独立性是指操作系统把所有外部设备统一当作文件对待，只要安装设备的驱动程序，任何用户都可以像使用文件一样操纵、使用这些设备，而不必知道它们的具体存在形式。

具有设备独立性的操作系统通过把每一个外围设备看作一个独立文件来简化增加新设备的工作。当需要增加新设备时，系统管理员就在内核中增加必要的连接。这种连接（也称作设备驱动程序）保证每次调用设备提供服务时，内核都以相同的方式来处理它们。当新的和更好的外设被开发并交付用户时，操作系统允许在这些设备连接到内核后，就能不受限制地立即访问它们。设备独立性的关键在于内核的适应能力。其他操作系统只允许一定数量或一定种类的外部设备连接。而具有设备独立性的操作系统能够容纳任意种类及任意数量的设备，因为每一个设备都是通过其与内核的专用连接进行独立访问的。

Linux 是具有设备独立性的操作系统，它的内核具有高度适应能力。随着更多的程序员加入 Linux 编程工作，会有更多硬件设备加到各种 Linux 内核和发行版本中。另外，由于用户可以免费得到 Linux 的内核源代码，因此，用户可以修改内核源代码，以便适应新增加的外部设备。

6. 提供了丰富的网络功能

完善的内置网络是 Linux 的一大特点。Linux 在通信和网络功能方面优于其他操作系统。Linux 为用户提供了完善的、强大的网络功能。

支持 Internet 是其网络功能之一。Linux 免费提供了大量支持 Internet 的软件，Internet 是在 UNIX 领域中建立并繁荣起来的，因此在这方面使用 Linux 是相当方便的，用户能用 Linux 与世界上的其他人通过 Internet 进行通信。

文件传输是其网络功能之二。用户能够通过一些 Linux 命令完成内部信息或文件的传输。

远程访问是其网络功能之三。Linux 不仅允许进行文件和程序的传输，它还为系统管理员和技术人员提供了访问其他系统的窗口。通过这种远程访问的功能，一位技术人员能够有效地为多个系统提供服务，即使这些系统位于相距很远的地方。

7. 可靠的系统安全性

Linux 采取了许多安全技术措施，包括对设备和文件的读写控制、带保护的子系统、审计跟踪、核心授权等，这为网络多用户环境中的用户提供了必要的安全保障。

8. 良好的可移植性

可移植性是指将操作系统从一个平台转移到另一个平台后，仍然能按其自身方式运行的能力。Linux 是一种可移植的操作系统，能够在从微型计算机到大型计算机的任何环境中和任何平台上运行。可移植性为运行 Linux 的不同计算机平台与其他任何机器进行准确而有效的通信提供了保障，而不需要另外增加特殊和昂贵的通信接口。

9. 标准兼容性

Linux 是一个与 POSIX 相兼容的操作系统，它所构成的子系统支持相关的 ANSI、ISO、IETF 和 W3C 等业界标准。为了使 UNIX system Ⅴ 和 BSD 上的程序能直接在 Linux 上运行，Linux 还增加了部分 system Ⅴ 和 BSD 的系统接口，使 Linux 成为一个完善的 UNIX 程序开发系统。Linux 也符合 X/Open 标准，具有完全自由的 X Window 界面。另外，Linux 在对工业标准的支持上做得非常好。各 Linux 发布厂商都能自由获取和接触 Linux 的源代码，但各厂家发布的 Linux 仍然缺乏标准，尽管这些差异非常小，它们的差异主要存在于所捆绑应用软件的版本、安装工具的版本和各种系统文件所处的目录结构。

10. 支持多种文件系统

Linux 可以将许多不同的文件系统以挂载的方式来加入，包括 Windows FAT32、NTFS、OS/2 的 HPFS，甚至网络上其他计算机所共享的文件系统 NFS 等，都是 Linux 所支持的文件系统。

1.5 Linux 系统结构

广义的 Linux 可分为内核、Shell、X Window 和应用程序四大组成部分，其中内核最为基础、最为重要。各组成部分之间的相互关系如图 1-1 所示。

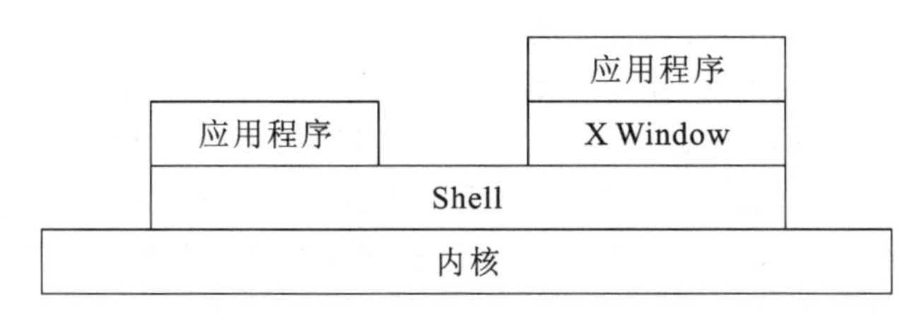

图 1-1 Linux 的系统结构

1.5.1 内核

内核是整个操作系统的核心，管理着整个计算机系统的软硬件资源。内核控制整个计算机的运行，提供相应的硬件驱动程序和网络接口程序，并管理所有应用程序的执行。内核所提供的都是操作系统最基本的功能，如果内核发生问题，整个计算机系统就可能会崩溃。

Linux 内核的源代码主要采用 C 语言编写，只有与驱动程序相关的部分用汇编语言 Assembly 编写。Linux 内核采用模块化的结构，其主要模块包括存储管理、处理机管理、进程管理、文件管理、设备管理和驱动、网络通信以及系统的引导、系统调用等。

Linux 安装完毕后，一个通用的内核就被安装到计算机。这个通用内核能满足绝大部分用户的需求，但也正因为内核的这种普遍适用性使得很多对于具体的某一台计算机而言可能并不需要的内核程序(比如一些硬件驱动程序)也被安装并运行。Linux 允许用户根据自己计算机的实际配置定制 Linux 的内核,从而有效地简化内核,提高系统启动速度,并释放更多的内存资源。

在 Linus Torvalds 领导的内核开发小组的不懈努力下,Linux 内核的更新速度非常快。用户在安装 Linux 后可以下载最新版本的 Linux 内核,编译后升级计算机的内核就能使用到内核最新的功能。

1.5.2 Shell

Linux 的内核并不能直接接收来自终端的用户命令,也就不能直接与用户进行交互操作,这就需要 Shell 这一交互式命令解释程序来充当用户和内核之间的桥梁。Shell 负责将用户的命令“翻译”为内核能够理解的低级语言,并将操作系统响应的信息以用户能够理解的方式显示出来,其作用如图 1-2 所示。

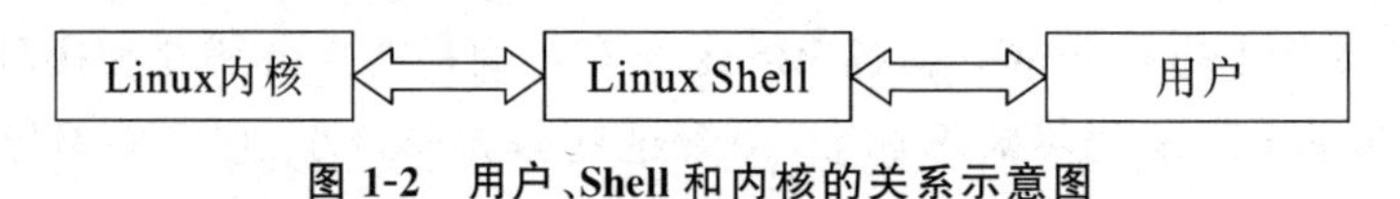

图 1-2 用户、Shell 和内核的关系示意图

用户启动 Linux,并成功登录后,系统就会自动启动 Shell。从用户登录到退出登录期间,用户输入的每个命令都由 Shell 接收,并由 Shell 解释。如果用户输入的命令正确,Shell 就会调用相应的命令或程序,并由内核负责执行,从而实现用户所要求的功能。

Linux 中可使用的 Shell 有许多种,Linux 的各种发行版本都能同时提供两种以上的 Shell 供用户自行选择使用。各种 Shell 的最基本功能相同,但也有一些差别。比较常见的 Shell 包括以下几种:

Bourne Shell(又称 B Shell)由贝尔实验室的 S. R. Bourne 开发,并由此得名。B Shell 是最流行的 Shell 之一,几乎所有的 UNIX/Linux 都支持,但是功能较少,用户界面也不太友好。

C Shell,因其语法类似 C 语言而得名。C Shell 易于使用并且交互性强,由加利福尼亚大学伯克利分校的 Bill Joy 开发。

Korn Shell(又称 K Shell)也是常见的 Shell,由 David Korn 开发并由此得名。

Bourne-Again Shell(又称 Bash),是专为 Linux 系统开发的 Shell。它在 B Shell 的基础上增加了许多功能,同时还具有 C Shell 和 K Shell 的部分优点,是 Linux 默认采用的 Shell。

Shell 不仅是一种交互式命令解释程序,而且还是一种程序设计语言。它与 MS-DOS 中的批处理命令类似,但比批处理命令功能强大。在 Shell 脚本程序中可以定义和使用变量,进行参数传递、流程控制和函数调用等。

Shell 脚本程序是解释型的,也就是说,Shell 脚本程序不需要进行编译,就能直接逐条解释,逐条执行源语句。Shell 脚本程序的处理对象只能是文件、字符串或者命令语句,而不像其他的高级语言有丰富的数据类型和数据结构。

1.5.3 X Window

X Window 又称 X 视窗,1984 年诞生于美国麻省理工学院,是 UNIX 和 Linux 等的图形化用户界面标准。X Window 提供的图形化用户界面与 Windows 界面非常相似,操作方法也基本相同。不过,它们对于操作系统的意义却大相径庭。

Windows 的图形化用户界面与操作系统紧密相连,如果图形化用户界面出现故障,整个计算机系统就不能正常工作。而 Linux 在字符界面下利用 Shell 命令以及相关程序就能够实现系统管理、网络服务等基本功能,而 X Window 图形化用户界面的出现一方面让 Linux

的操作更为简单方便,另一方面也为许多应用程序(如图形处理软件)提供了运行环境,从而丰富了 Linux 的功能。X Window 图形化用户界面在运行程序时如果出现故障,一般是可以正常退出的,而不会影响其他字符界面下运行的程序,也不需要重新启动计算机。因为这种图形化用户界面相当于运行在系统之上的一个大型软件,并不是系统运行所必需的。目前,X Window 已成为 Linux 系统不可缺少的组成部分。

◆ 1.5.4 应用程序

Linux 环境下可使用的应用程序种类丰富、数量繁多,包括办公软件、多媒体软件、Internet 相关软件等,如表 1-3 所示。它们有的运行在字符界面,有的运行在 X Window 图形化用户界面。

表 1-3 常用的 Linux 应用程序

类　别	软件名称
办公软件	OpenOffice. org、KOffice
文本编辑器	vi、gedit、Kedit
网页浏览器	Firefox、Opera
邮件收发软件	Evolution、KMail、ThunderBird
上传下载工具	Gwget、gFTP、Downloader for X
即时聊天软件	GAIM、Xchat、Lumaqq
多媒体播放器	XMMS、MPlayer、RealOne
图像查看与处理软件	GIMP、gThumb Image View、Electric Eyes、KuickShow
刻录软件	K3b、Cdrecord

随着 Linux 的普及和发展,Linux 的应用程序还在不断增加,其中不少应用程序是基于 GNU 的 GPL 协议发行的自由软件,不需要付费,并向用户提供源代码。用户可根据实际需要修改或者扩展应用程序的功能。这也是越来越多的用户选择使用 Linux 的重要原因之一。

Linux 的应用程序主要来源于以下几个方面:

专门为 Linux 开发的应用程序,如 GAIM、OpenOffice. org 等;

原本是 UNIX 的应用程序移植到 Linux,如 vi;

原本是 Windows 的应用程序移植到 Linux,如 Oracle 等。

各 Linux 发行版本均包含大量的应用程序,在安装 Linux 时可以一并安装。当然,可以在安装好 Linux 以后,再安装 Linux 发行版本附带的应用程序,也可以从网站下载安装最新的应用程序。

本章小结

Linux是一种类似于UNIX的操作系统，诞生于1991年，由Linus Torvalds在Minix操作系统的基础上创建。Linux凭借其优良特性已成为目前发展潜力最大的操作系统。

Linux的版本包含内核版本和发行版本两个方面的含义。内核版本是指Linux内核的版本；而发行版本则是各Linux发行商将Linux内核和应用软件及相关文档组合起来，并提供系统管理工具的发行套件。

目前，Linux在服务器领域继续发挥着越来越大的作用，也是嵌入式系统和构筑集群计算机的首选，并随着技术的进步，逐渐为桌面用户所接受。

Linux操作系统以其稳定、实用、抗攻击、防病毒、满足现实需要而著称。工业和信息技术的发展需要软件的支撑，Linux以它所具有的一系列特点，如开放性、多用户、多任务、容易操作的用户界面、设备独立性以及丰富的网络功能等，而占据了一定的技术与市场优势。

Linux系统的整个结构由内核、Shell、X Window和应用程序所组成。内核是整个Linux操作系统的核心，用户可以根据自己的实际需要定制内核，并可升级内核。Shell既是一种交互式命令解释程序，也是一种程序设计语言。作为交互式命令解释程序，Shell负责接收并解释用户输入的命令，并调用相关的程序来完成用户的要求。Linux的默认Shell是Bash，其以B Shell为基础，并包含C Shell和K Shell的诸多优点。X Window为Linux提供简单易用的图形化用户界面，并为需要图形界面的应用程序提供运行平台。Linux的应用程序数量繁多，功能强大，多为自由软件。

习题

1. 选择题

(1) 下列哪个选项不是Linux所支持的？（　　）

A. 多用户　　B. 超进程　　C. 多进程　　D. 可移植

(2) Linux是所谓的free software，其中free的含义是什么？（　　）

A. Linux不需要付费　　B. Linux发行商不能向用户收费

C. 只有Linux的作者才能向用户收费　　D. Linux可自由修改和发布

(3) 以下关于Linux内核版本的说法，错误的是哪个？（　　）

A. 内核版本格式为“主版本号.次版本号.修订次数”

B. 1.5.2表示稳定的发行版

C. 2.6.4表示多内核2.6的第4次修订

D. 1.2.4表示稳定的发行版

(4) 以下哪个软件不是Linux的发行版本？ （ ）

A. Red Hat 9　B. Solaris 10　C. 红旗Server 4　D. Fedora 18

(5) 与Windows相比，Linux在哪个方面相对应用得较少？ （ ）

A. 集群计算机　B. 服务器　C. 嵌入式系统　D. 桌面

(6) Linux系统各组成部分中（ ）是最基础、最重要的。

A. 内核　B. Shell　C. GNOME　D. X Window

(7) 下列关于Shell的说法中错误的是哪个？ （ ）

A. 一个命令语言解释器　B. 用户与Linux内核之间的接口

C. Linux的组成部分　D. 一种和C语言类似的高级程序设计语言

(8) 以下哪种类似的Shell在Linux环境下不能使用？ （ ）

A. B Shell　B. K Shell　C. R Shell　D. Bash

2. 简答题

(1) 什么是自由软件？什么是GPL、GNU？

(2) Linux操作系统的内核版本有什么特点？

(3) 简述Linux操作系统的组成及特点。

(4) 常用的Linux操作系统版本有哪些？掌握在Internet上获取某一版本的Linux系统的途径及方法。

第2章 Linux的安装及引导过程

本章主要介绍了Red Hat Enterprise Linux操作系统的安装前的准备、安装方式，并以目前应用广泛的RHEL 8为例详细介绍了在虚拟机下的安装过程，最后介绍了Linux系统的启动、关闭命令及系统的启动过程。

2.1 Linux系统安装前的准备

安装Linux操作系统前，用户首先应明确安装用途以及和现有的计算机操作系统的关系，进行确认，了解Linux操作系统安装的一般性常识，掌握采取什么样的安装方法方可进行，否则会对现有的操作系统(如Windows操作系统的文件)造成无法挽回的损失。

2.1.1 Red Hat Enterprise Linux 8安装程序的获取

1. Red Hat Enterprise Linux简介

本书所有的操作将以Red Hat Enterprise Linux 8为例来进行讲解。Red Hat Enterprise Linux 8是目前应用较广泛的Linux发行版本。

Red Hat Linux 9之后就分为两个分支，一个是面向企业的Red Hat Enterprise Linux，另一个是面向个人的Fedora。

RHEL是目前最具权威性和稳定性的Linux操作系统，为若干大型企业所采用。但当需要技术服务或软件更新时，必须向Red Hat公司支付一定的费用。RHEL每2～3年更新一次版本，目前的最新版本为Red Hat Enterprise Linux 9 beta。

Fedora是开源社区版，出现于2003年，基于RHEL，其功能完备、更新迅速，每3～6个月更新一次版本。它主要由全球Linux技术爱好者组成的Fedora Project社区负责开发与更新，也同样得到Red Hat公司的支持。对于Red Hat公司而言，Fedora是新技术的测试平台，在Fedora中稳定下来的技术会被考虑用于RHEL。可以这样说，Fedora的今天就是RHEL的明天。

目前还有一种应用非常广泛的Linux发行版本——CentOS(community enterprise operating system)。CentOS创建于2004年，将RHEL源代码进行重新编译后再发行，在版本上略落后于RHEL，在功能上和稳定性上与RHEL基本相同，但并不向用户提供商业支持，也不承担任何商业责任。CentOS特别适合那些需要可靠、成熟、稳定的Linux企业级应用，但又不愿意承担技术支持开销的中小型企业。

2. 安装源的获取

目前Linux操作系统的各种最新版本安装程序的ISO镜像文件都可以在网上免费下

载，RHEL 的官网下载地址为：https://developers.redhat.com/products/rhel/download。用户可以先把 ISO 文件下载到本地，从硬盘 ISO 文件直接进行虚拟安装或把 ISO 文件刻录成光盘进行安装。

2.1.2 安装方式

Linux 系统和 Windows 系统一样，可以通过多种方式进行安装，甚至比 Windows 系统的安装更为简单、方便。

1. 按安装距离分类

按安装距离分，可以分为本地安装和网络安装。

(1) 本地安装：可分为光盘安装和硬盘安装。光盘安装即直接通过光盘进行安装；硬盘安装即将 ISO 文件复制到硬盘后，再进行安装。

(2) 网络安装：适合缺乏大容量存储设备，但具备网络连接的情况。根据所采用的服务方式不同，又可分为 Http 服务网络安装、NFS 服务网络安装及 Ftp 服务网络安装。其中：Http 服务网络安装即系统安装文件来自 Web 服务器上，安装时从服务器上下载；NFS 服务网络安装即系统安装文件来自 NFS 服务器上，安装时从服务器上下载；Ftp 服务网络安装即系统安装文件来自 Ftp 服务器上，安装时从服务器上下载。

2. 按安装复杂度分类

按安装复杂度分，可以分为完整安装和最小化安装。

(1) 完整安装：该方式最为常用和方便，非常适合初学者，总能满足用户的安装需要。

(2) 最小化安装：该方式通常只有对系统较为精通的专业人员才会选用。最小化安装所需时间极短，且硬盘空间占用极少。但许多软件包均未安装，当系统在使用过程中有进一步功能需求时，必须按照软件包的依赖关系安装必需的软件包。

除此之外，还可以按安装的自动程度进行划分，分为手动安装和自动安装；按安装界面进行划分，分为字符界面安装和图形界面安装。

2.1.3 MBR 简介

一块硬盘最多拥有 4 个主分区(包括扩展分区)。这是由硬盘的基本结构决定的。若用户需要在一块硬盘上划分 4 个以上的分区，就需要采用扩展分区来扩展分区数量，然后在扩展分区上划分多个逻辑分区。硬盘的第 1 个磁道为 0 磁道，在硬盘的 0 磁道 0 扇区处有 MBR(master boot record，主引导记录)。图 2-1 所示为硬盘的组成结构。

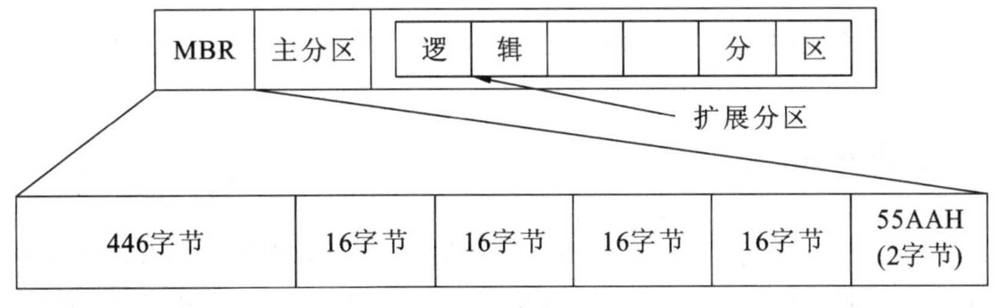

图 2-1 硬盘组成结构

由图 2-1 可以看到，MBR 由 446 字节＋16 字节×4＋2 字节＝512 字节组成，正好是一个扇区的大小。其中：

(1) 446字节在Windows系统中用于存储一些系统引导程序和错误代码，在Linux系统中用于存储Linux引导信息，若这446字节损坏，系统将无法正常启动。

(2) 4个16字节用于存储4个主分区的信息，即分区表，内容包括分区类型、分区起始柱面及分区结束柱面。

(3) 最后的2个字节(55AAH)用于系统进行跳转，将CPU控制权交给某一个操作系统。

MBR的主要功能包括检查硬盘分区表是否完好、在分区表中寻找可引导的活动分区、将活动分区的第一逻辑扇区内容装入内存。

2.1.4 磁盘分区

Linux的所有设备均表示为/dev目录中的一个文件，如/dev/sda表示采用SCSI接口的硬盘。设备名称中第三个字母为a，表示为系统中的第一块硬盘，而b表示第二块硬盘，依此类推。分区则使用数字来表示，数字1～4用于表示主分区或扩展分区，逻辑分区的编号从5开始。

安装Linux与安装Windows在磁盘分区方面的要求有所不同。安装Windows时磁盘中可以只有一个分区(C盘)，而安装Linux时必须至少有两个分区：交换分区(又称swap分区)和根分区(又称/分区)。最简单的分区方案如下。

(1) swap分区：用于实现虚拟内存，也就是说，当系统没有足够内存来存储正在被处理的数据时，可将部分暂时不用的数据写入swap分区，其文件系统类型一定是swap，且无须挂载。大小一般为物理内存的2倍，但目前在物理内存较大的情况下，swap分区划分1GB就已足够了。

(2)/分区：用于存放包括系统程序和用户数据在内的所有数据，其文件系统类型通常为ext4。

当然，也可以为Linux多划分几个分区，那么系统就可以根据数据的特性，把相关的数据保留到指定的分区中，而其他剩余的数据都保留在/分区。

例如，一个较合理的分区方案如下。

(1)/boot分区：系统引导分区，大小为200 MB，采用ext4文件系统。

(2) swap分区：大小为1024 MB，采用swap文件系统。

(3)/home分区：保存用户信息，并方便对磁盘进行配额管理，大小为512 MB，采用ext4文件系统。

(4)/分区：保存其他的所有数据，大小为4096MB，采用ext4文件系统。

2.2 Linux的安装

虽然Linux的安装方式有很多，但对于初学者来说，可能在Windows系统中安装VMware虚拟机，在虚拟机下安装Linux系统会比较方便。本节主要重点介绍VMware虚拟机下安装Linux系统的方法。

◆ 2.2.1 VMware 虚拟机下安装 Linux 系统

若用户想在 Linux 系统中安装一个 Windows 系统或其他的 Linux 系统，或在 Windows 系统中安装一个 Linux 系统或其他 Windows 系统，采用 VMware 软件会是一个不错的解决方案。用户使用 VMware 软件中的系统与使用安装在真正硬盘分区中的系统是一样的，只是运行的速度会慢一些。

下面介绍一下在 Windows 系统中通过 VMware 安装 Linux 系统。步骤如下。

(1) 到官方网站下载 VMware 软件。其网址为 http://www.vmware.com/，最新版本为 VMware Workstation 16，本书以 VMware Workstation 15 pro 为例进行讲解。

(2) 安装 VMware 软件：在 Windows 系统中安装 VMware 软件，下载 Windows 版本的 VMware 软件并安装。

(3) 打开 VMware 软件，如图 2-2 所示。

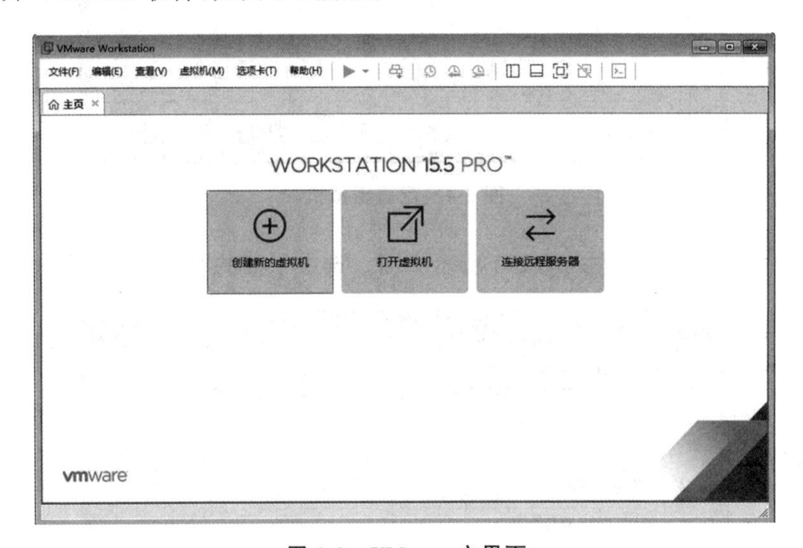

图 2-2 VMware 主界面

(4) 新建虚拟机，单击图 2-2 中的"创建新的虚拟机"按钮，进入图 2-3 所示界面。

图 2-3 创建虚拟机

(5) 选择“自定义(高级)”安装，单击“下一步”按钮进入图 2-4 所示界面。用户也可以选择“典型(推荐)”安装，对于初学者推荐使用这种安装方式。

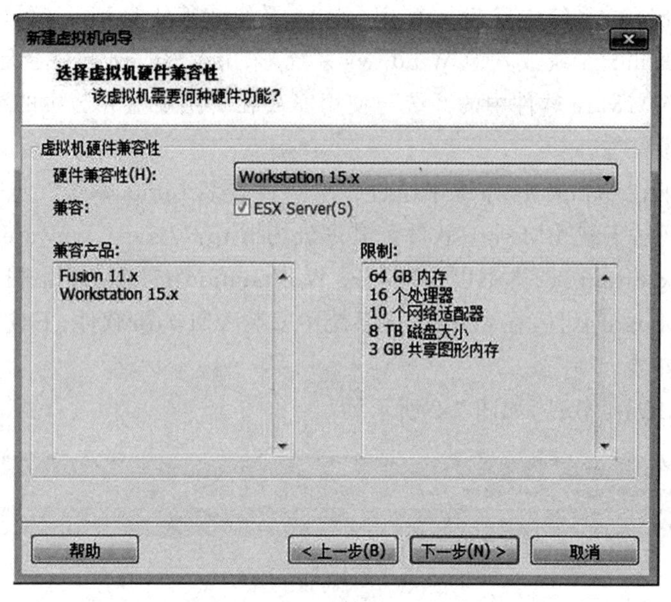

图 2-4 配置虚拟机

(6) 单击“下一步”按钮进入图 2-5 所示界面。选中下面的“稍后安装操作系统”选项。

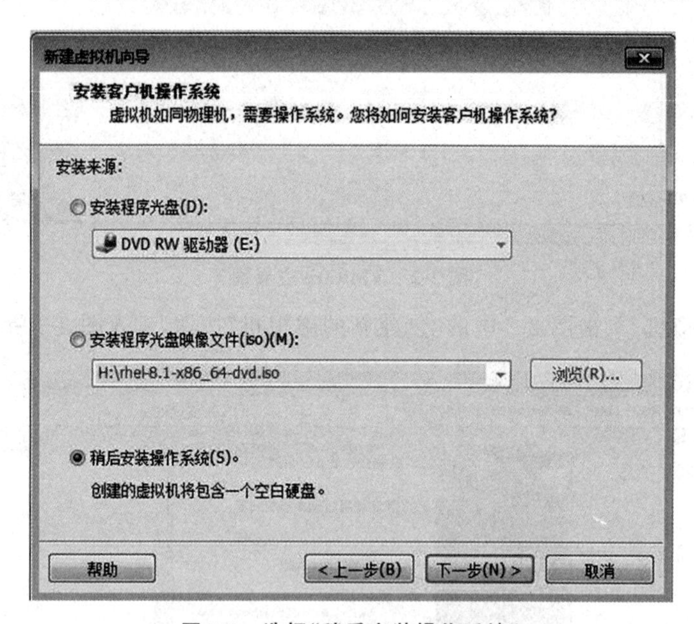

图 2-5 选择“稍后安装操作系统”

(7) 单击“下一步”按钮，选择所安装的操作系统类型及版本，如图 2-6 所示。

(8) 单击“下一步”按钮，为所安装的虚拟机命名并设置安装路径，如图 2-7 所示。建议在选择安装位置时，一定要选择其所在分区具有 10 GB 以上剩余空间的位置，否则会出现磁盘空间不足的情况。

(9) 单击“下一步”按钮，选择处理器数量，选择默认值即可，如图 2-8 所示。

图 2-6 选择操作系统类型及版本

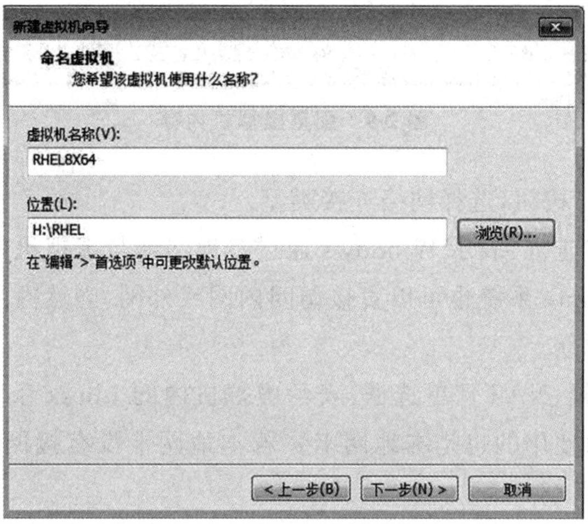

新建虚拟机向导
命名虚拟机
您希望该虚拟机使用什么名称?
虚拟机名称(V):
RHEL8X64
位置(L):
H:\RHEL
浏览(R)...
在"编辑">"首选项"中可更改默认位置。
< 上一步(B)
下一步(N) >
取消

图 2-7 设置虚拟机名称及位置

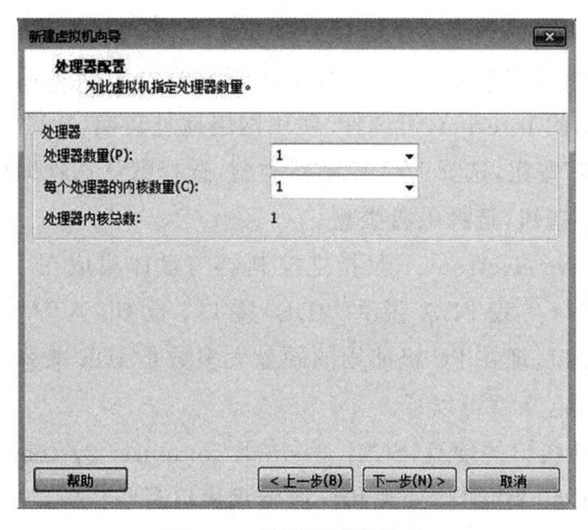

图 2-8 选择处理器数量

（10）单击“下一步”按钮，配置虚拟机内存，选择默认值“2048MB”即可，如图 2-9 所示。

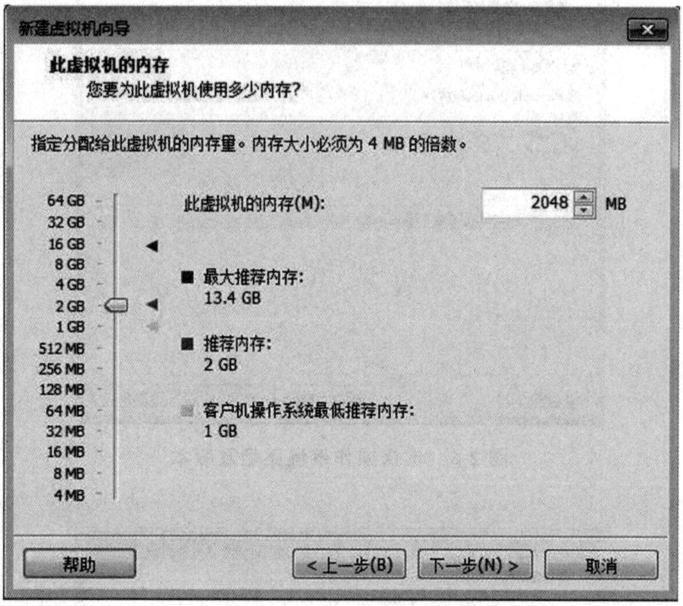

图 2-9　配置虚拟机内存

（11）单击“下一步”按钮，选择网络连接类型。

“使用桥接网络”单选框：表示 Windows 通过本地网卡与虚拟机内的 Linux 系统进行连接，同时虚拟机内的 Linux 系统也可以直接访问内网或外网，当然内网的其他主机也可以访问虚拟机内的 Linux 系统。

“使用网络地址转换(NAT)”单选框：表示虚拟机内的 Linux 系统通过 NAT 的方式访问 Windows 数据，此时使用的也是本地网卡。若本地网卡没有接网线，通过这个选项连接 Linux 将不成功。

“使用仅主机模式网络”单选框：表示只允许本台计算机的系统访问虚拟机的 Linux 系统，此时虚拟机内的 Linux 系统也不能访问内网的其他主机，此时所使用的还是本地网卡。

“不使用网络连接”单选框：表示不进行网络连接。

这里选择“使用桥接网络”，如图 2-10 所示。安装时可根据实际网络状况选择，如虚拟机所运行的主机可以访问 Internet，可选择“使用网络地址转换(NAT)”。

（12）单击“下一步”按钮，选择 I/O 控制器类型，选择默认选项即可，如图 2-11 所示。

（13）单击“下一步”按钮，选择磁盘类型。

IDE：integrated drive electronics，是指把控制器与盘体集成在一起的硬盘驱动器，IDE 表示硬盘的传输接口。我们常说的 IDE 接口，也叫 ATA（advanced technology attachment）、PATA 接口，现在 PC 机使用的硬盘大多数是 IDE 兼容的，只需用一根电缆将它们与主板或接口卡连起来就可以了。

SCSI：是采用 SCSI 接口的硬盘，SCSI 是 small computer system interface（小型计算机系统接口）的缩写，使用 50 针接口，外观和普通硬盘接口有些相似。

SATA：Serial ATA（串行 ATA），全称是 serial advanced technology attachment，是由 Intel、IBM、Maxtor 和 Seagate 等公司共同提出的硬盘接口新规范。因为采用串行连接方

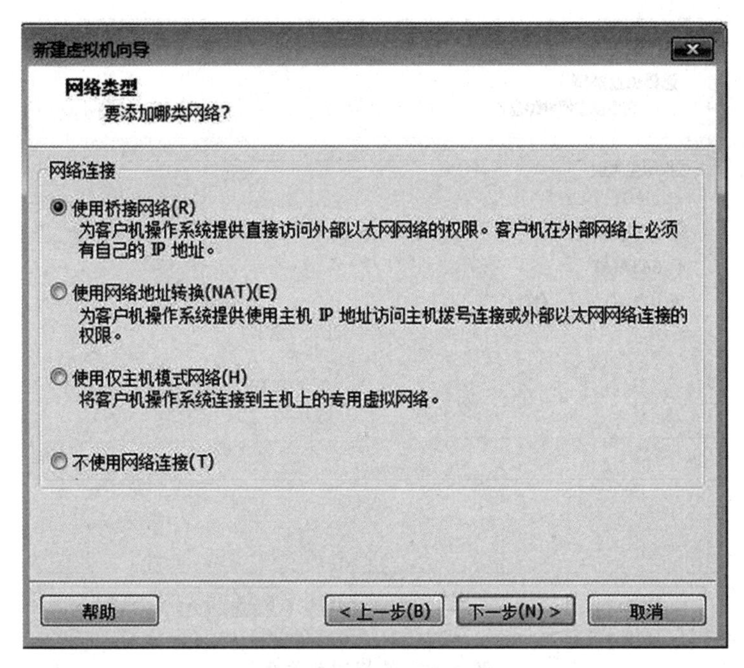

图 2-10　选择网络类型

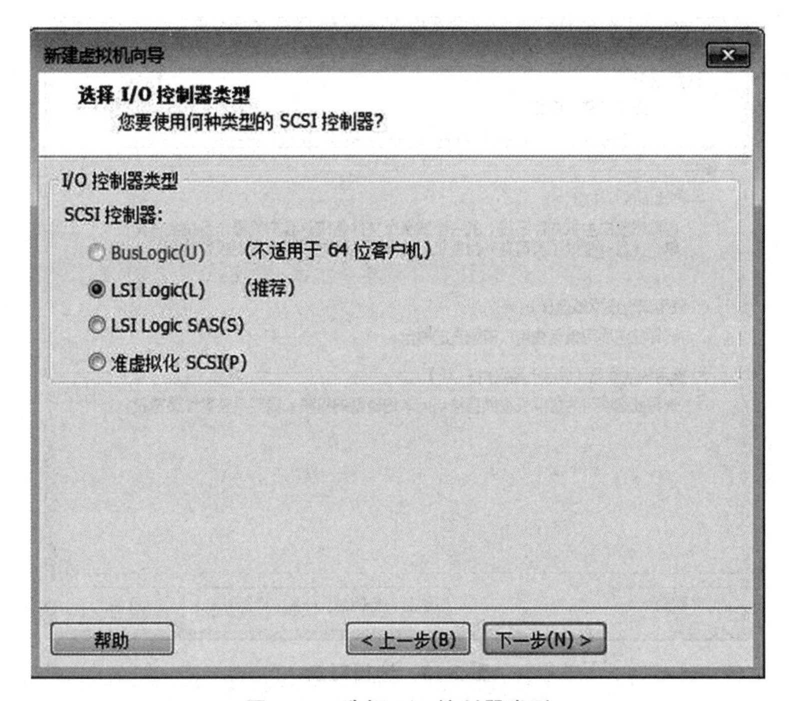

图 2-11　选择 I/O 控制器类型

式，所以使用 SATA 接口的硬盘又叫串口硬盘。

NVMe：一种接口协议，不是指接口，NVMe 标准是面向 PCI－E 固态硬盘的，解除了旧标准施放在 SSD 上的各种限制。

安装时可根据实际硬件选择或使用默认推荐选项，如图 2-12 所示。

(14) 单击“下一步”按钮，选择磁盘，选择默认项“创建新虚拟磁盘”，如图 2-13 所示。

图 2-12 选择磁盘类型

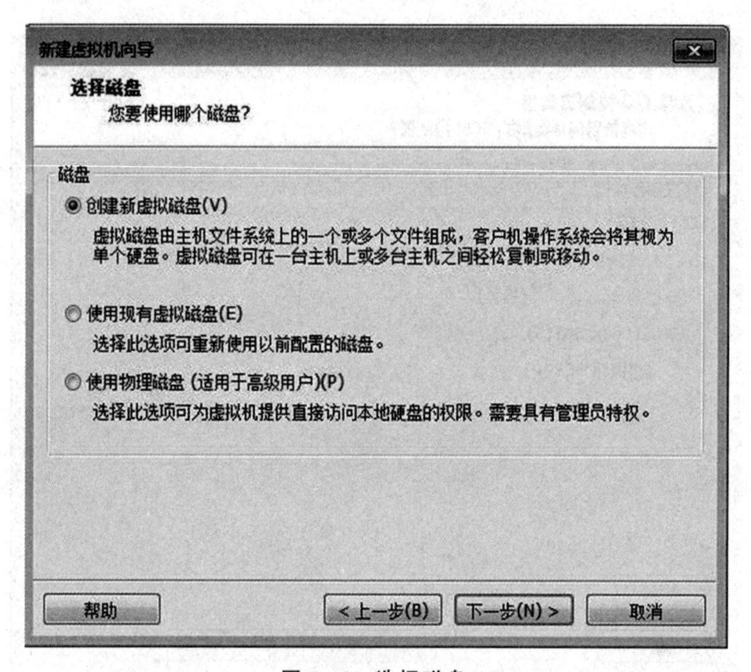

图 2-13 选择磁盘

(15) 设置虚拟机的磁盘大小，默认大小为 20 GB，用户可以根据所需安装系统的大小确定磁盘的大小，在此设置的磁盘大小并不会体现在真正磁盘上，也就是用户可以输入 100 GB，远远超过磁盘分区的实际大小，但在存储数据时，只能使用某一分区的最大空间，例如，某分区剩余空间只有 18 GB，在此用户设置了 20 GB，实际虚拟机只能使用 18 GB 空间，而不是 20 GB 空间。虚拟机产生的所有数据，在 Windows 上都存在于一个文件中，如图 2-14 所示。

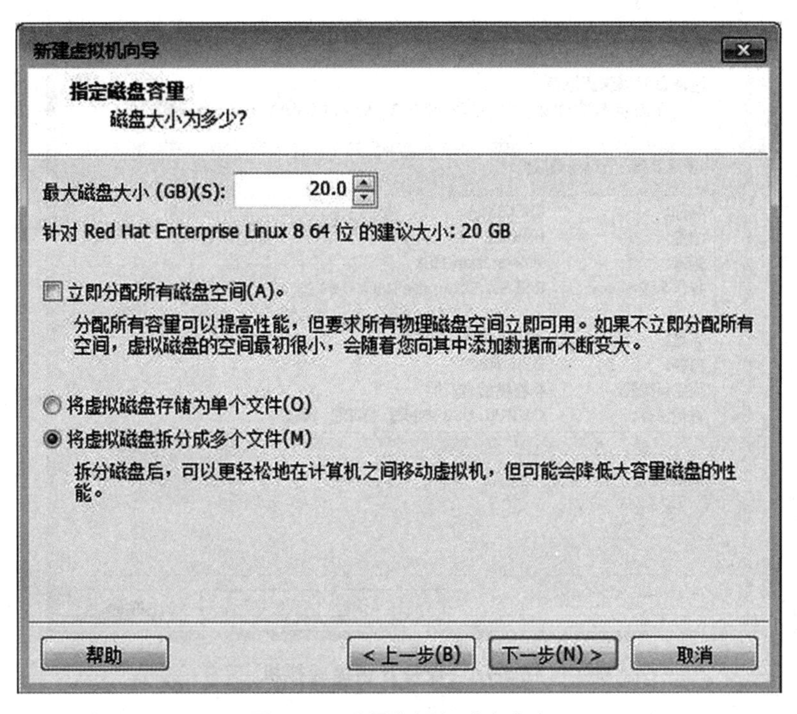

图 2-14　设置虚拟机磁盘大小

（16）指定虚拟机文件存储目录，如图 2-15 所示。

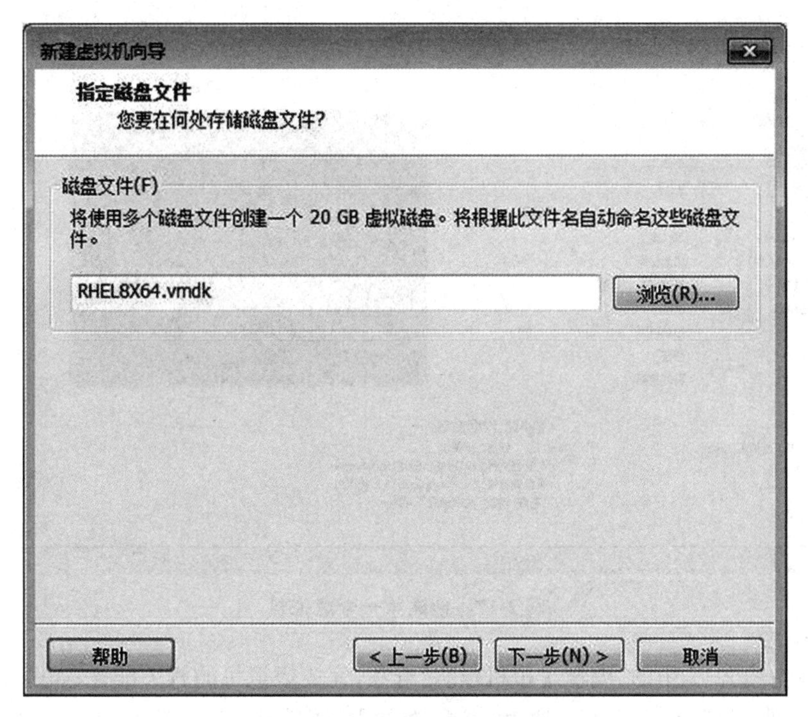

图 2-15　设置虚拟机文件目录

（17）单击“下一步”按钮，进入图 2-16，单击“完成”按钮，虚拟机创建完成。创建的第一个虚拟机如图 2-17 所示。

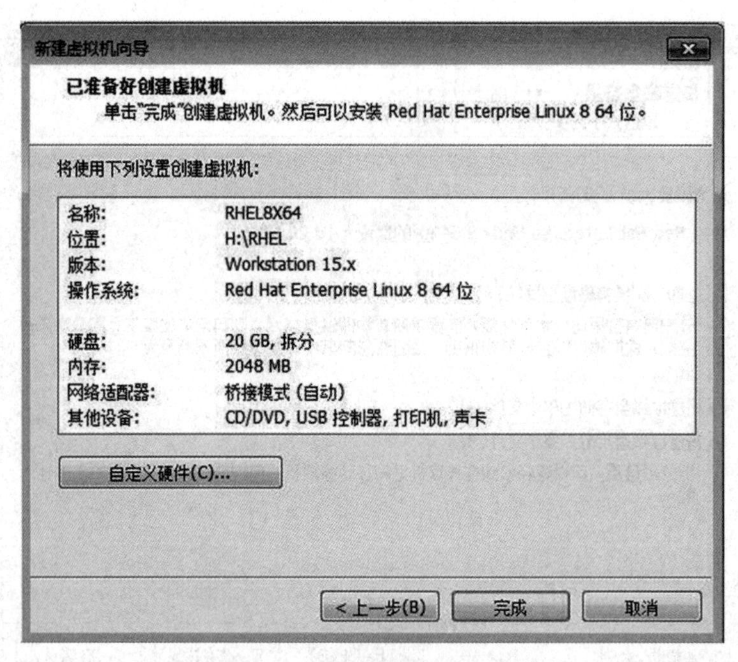

图 2-16　准备好创建虚拟机

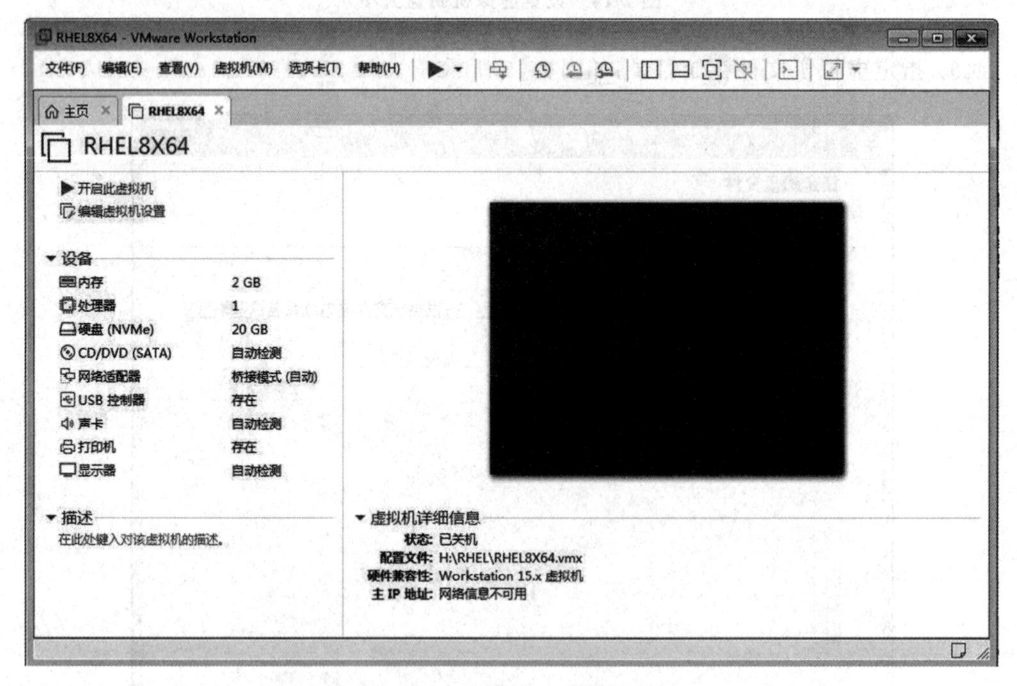

图 2-17　创建第一个虚拟机

（18）单击图 2-17 中的"编辑虚拟机设置"选项，完成虚拟机的相关配置，如图 2-18 所示。

（19）其他配置都已完成，这时最重要的是要进行安装源的确定。在"CD/DVD（SATA）"选项中，若使用光盘安装，单击"使用物理驱动器"，若使用 ISO 映像文件安装，则单击"使用 ISO 映像文件"，并选择安装源 ISO 映像文件路径，如图 2-19 所示。这一步非常关键，ISO 镜像文件路径一定不能出错，否则安装时会提示"找不到操作系统"的错误信息。

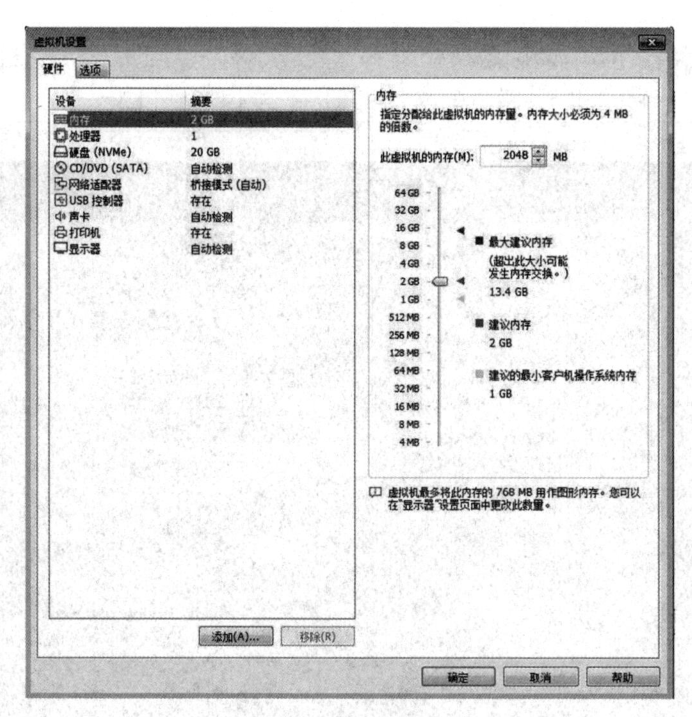

图 2-18 配置虚拟机

图 2-19 设置安装源

(20) 单击"确定"按钮,再次出现图 2-17 所示的界面,单击"开启此虚拟机"选项,将会出现图 2-20 所示的安装界面。

(21) 在 60 秒内选中第一项,安装或更新已有的系统,则系统开始安装。否则将会开始检测硬件的步骤,这一步可能需要花费较长时间。选择后进入语言选项,如图 2-21 所示。

(22)在安装界面,在"Time & Date"选项中,可以调整时区,建议更改为东八时区(上

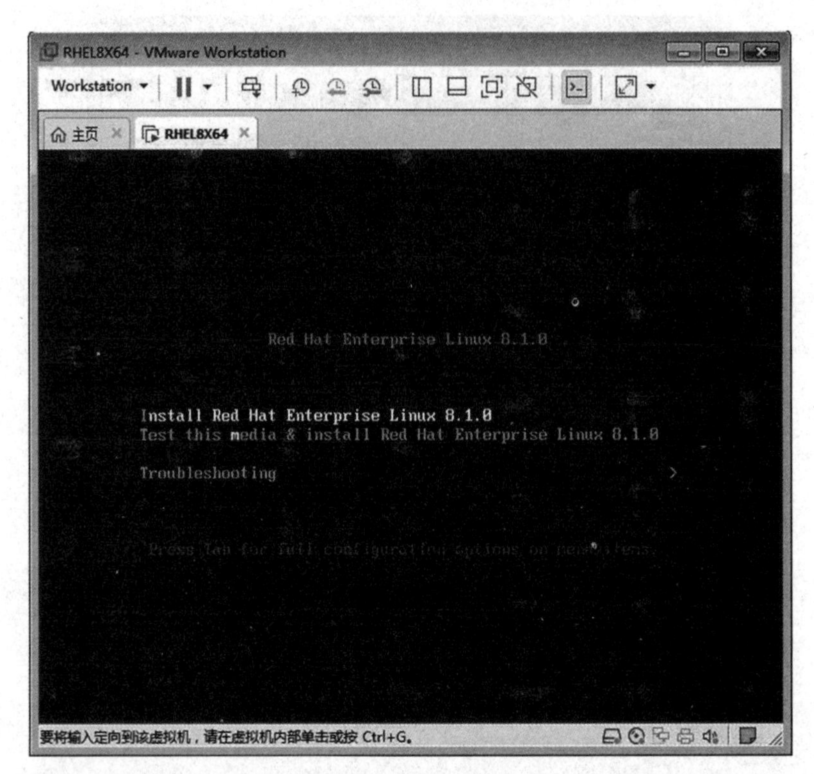

图 2-20　开始安装界面

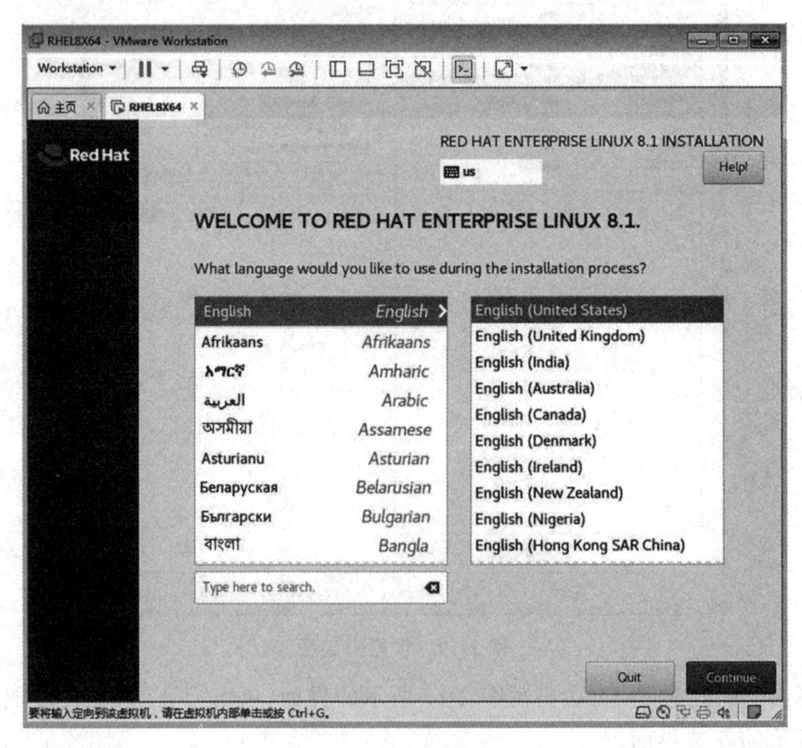

图 2-21　选择系统语言

海)，在“Installation Destination”选项中，需要手动确认安装路径与磁盘分区的配置，初学者使用默认配置即可，如图 2-22 与图 2-23 所示。

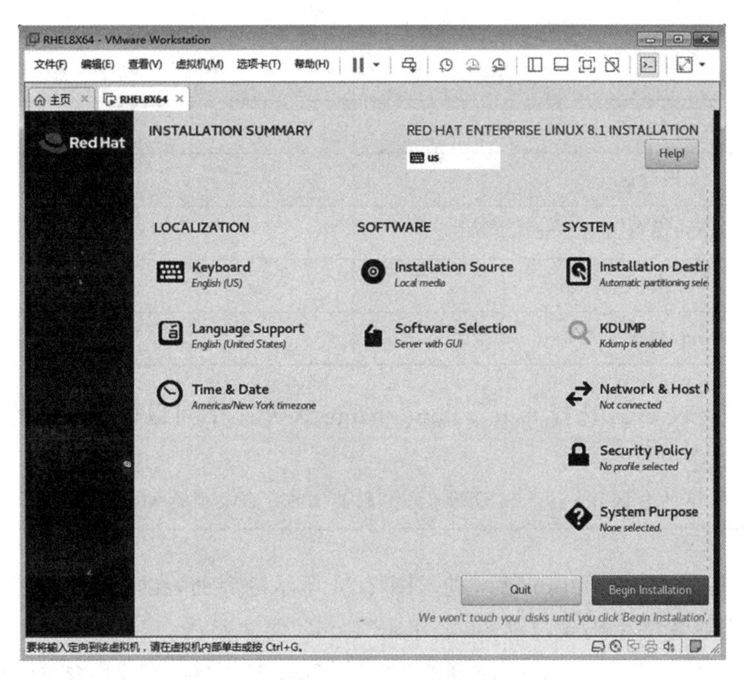

图 2-22　安装界面

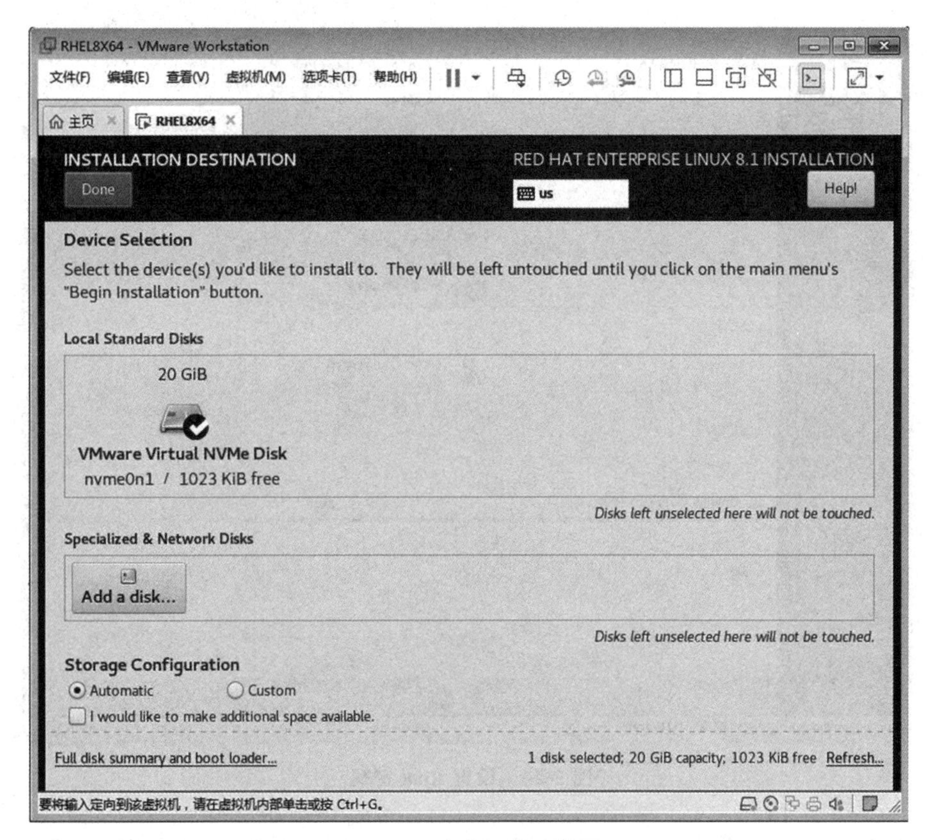

图 2-23　安装目的地界面

(23)若对磁盘空间有自定义需求，可在“Storage Configuration”项中，选择自定义分区配置“Custom”。通常可根据表 2-1 进行配置。

表 2-1 分区容量

类　型	容　量
boot 分区　/boot	512 MB
根分区　/	10 GB
home 分区　/home	2048 MB
var 分区　/var	2048 MB
swap 分区　/swap	8192 MB

根分区的 device type 选择 lvm,volume name 默认 rhel,可以创建自己的 vgname。

注意:若将 swap 的分区 file system 设为 swap,则其他的分区类型是 xfs。

(24)单击"Begin Installation"后,进入图 2-24 所示的界面,在该界面配置 Root 密码,该密码需牢记。若设置的密码太过简单,需单击"Done"两次确认。

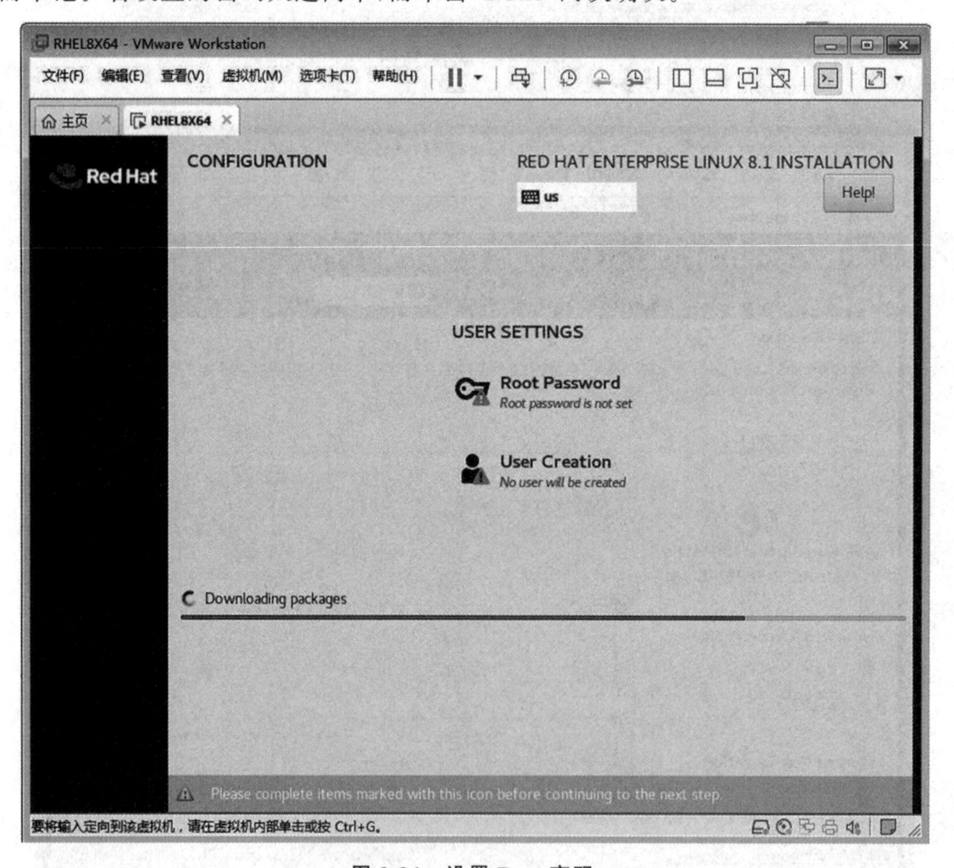

图 2-24 设置 Root 密码

(25)安装完成后,单击"Reboot"按钮,如图 2-25 所示,重新启动 Red Hat Enterprise Linux。

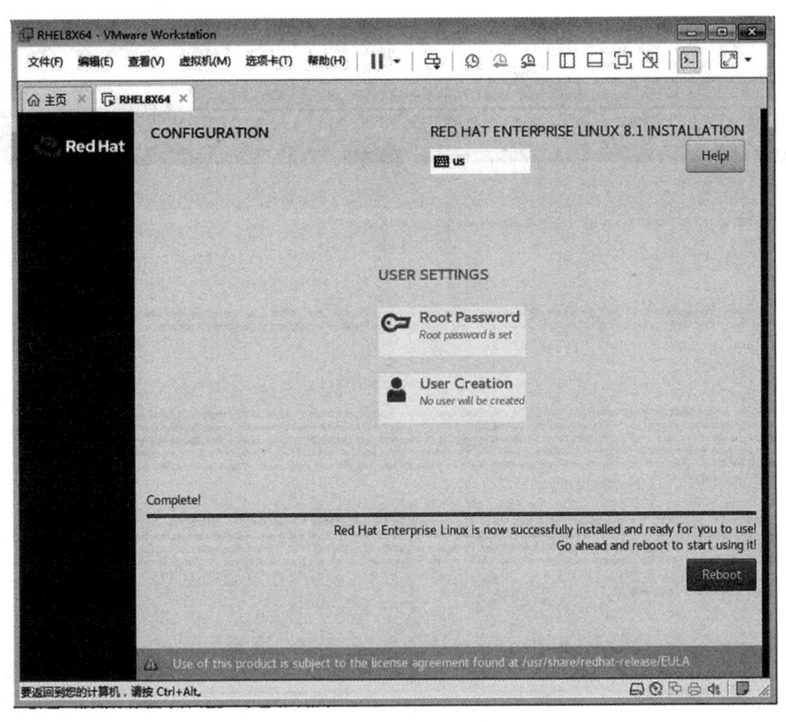

图 2-25　重新启动

(26)重启完成后，需在“License Information”界面接受许可协议，如图 2-26 和图 2-27 所示。

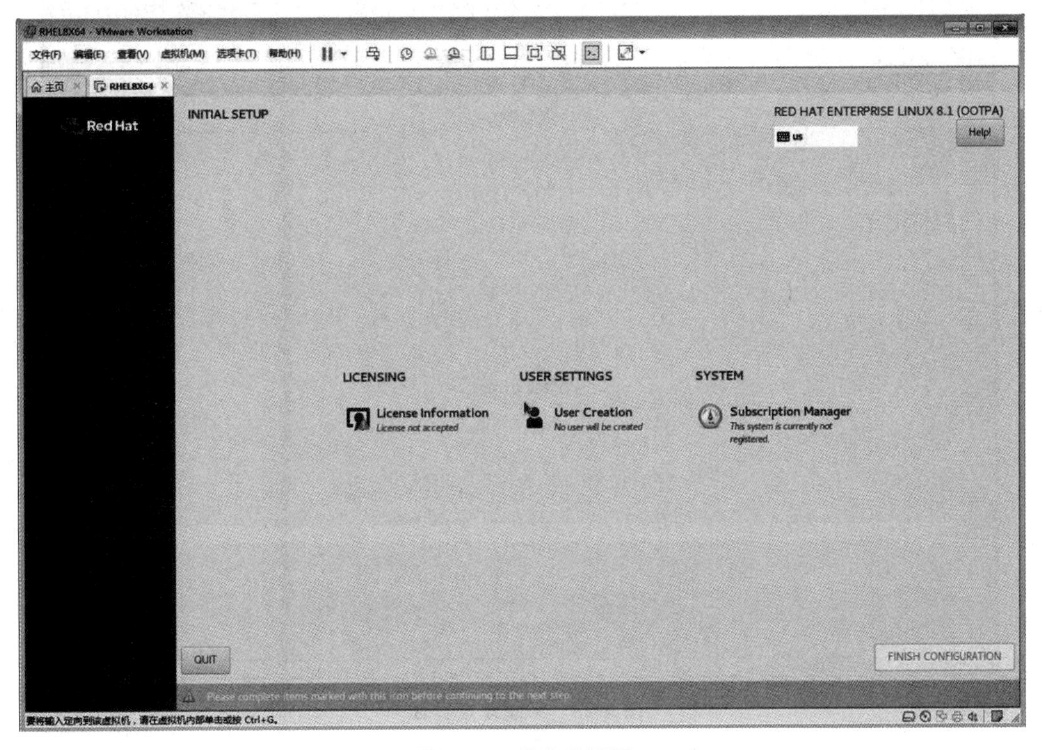

图 2-26　重启后界面

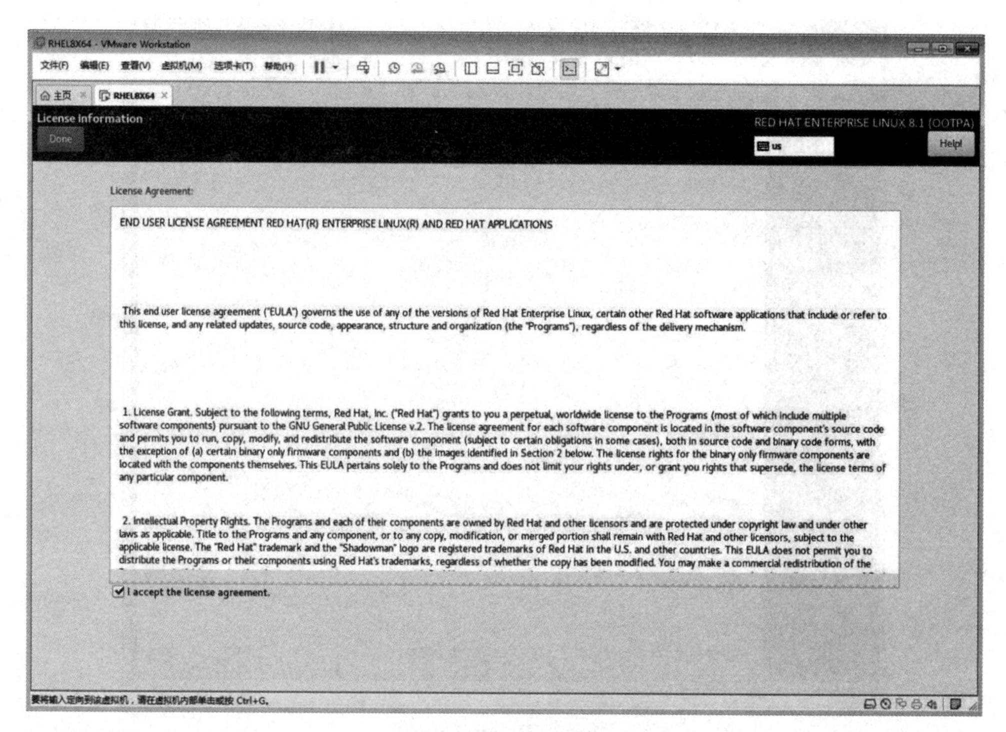

图 2-27　接受许可协议

(27)单击“FINISH CONFIGURATION”按钮，进入图 2-28 所示的系统欢迎界面。

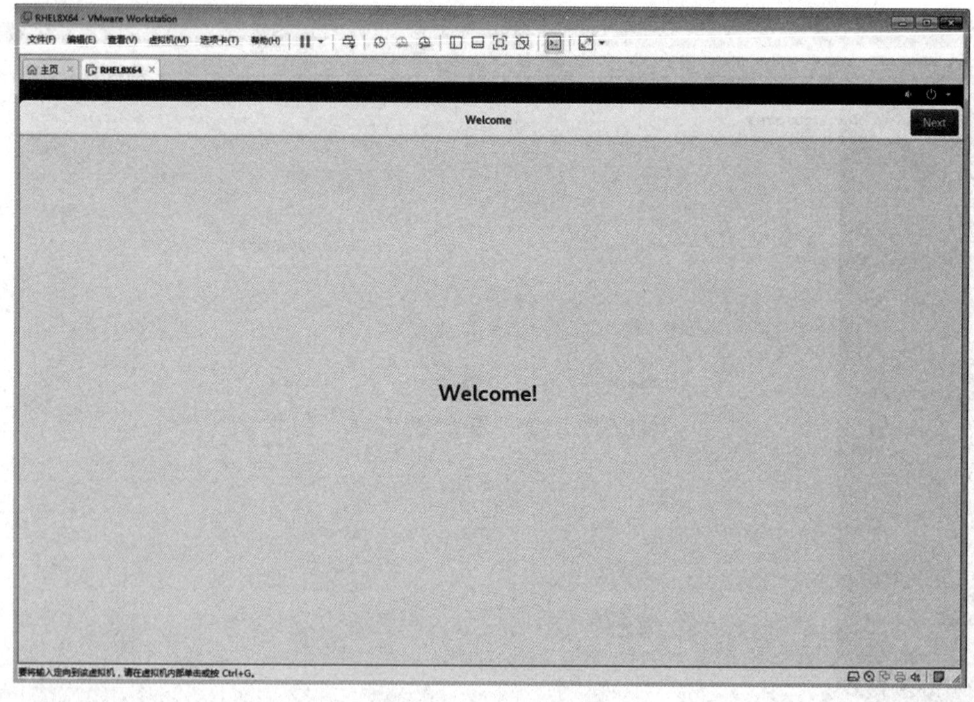

图 2-28　系统欢迎界面

(28)连续单击右上角的“Next”按钮，直到进入用户信息配置界面，如图 2-29 所示，输入登录的用户信息。

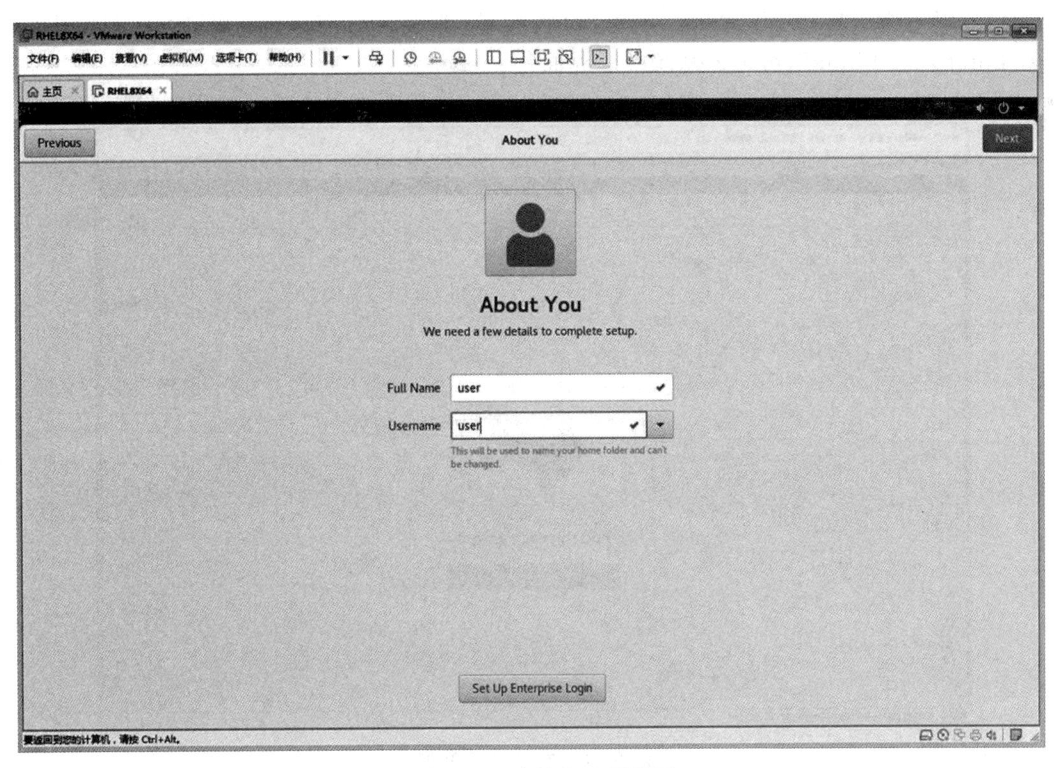

图 2-29　用户信息配置界面

(29)单击"Next"按钮，如图 2-30 所示，对密码进行配置。

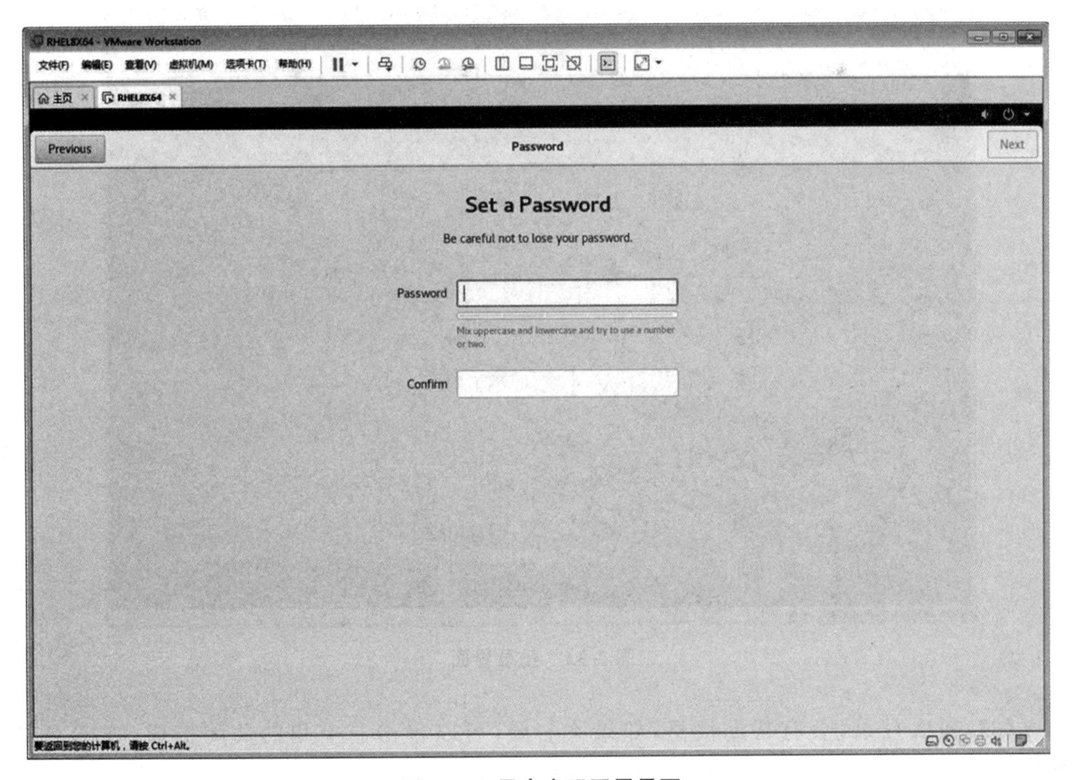

图 2-30　用户密码配置界面

（30）输入密码后，单击“Next”按钮，完成配置，如图 2-31 所示，单击“Start Using Red Hat Enterprise Linux”，可进入系统登录界面。

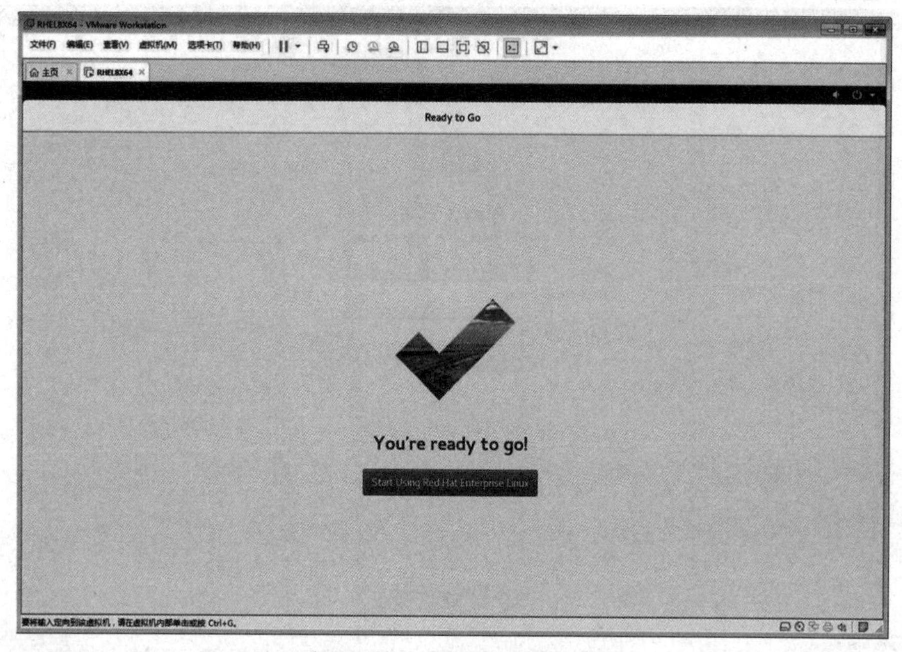

图 2-31 完成配置界面

（31）单击对应的用户名，并输入密码，可进入系统界面，如图 2-32 所示。

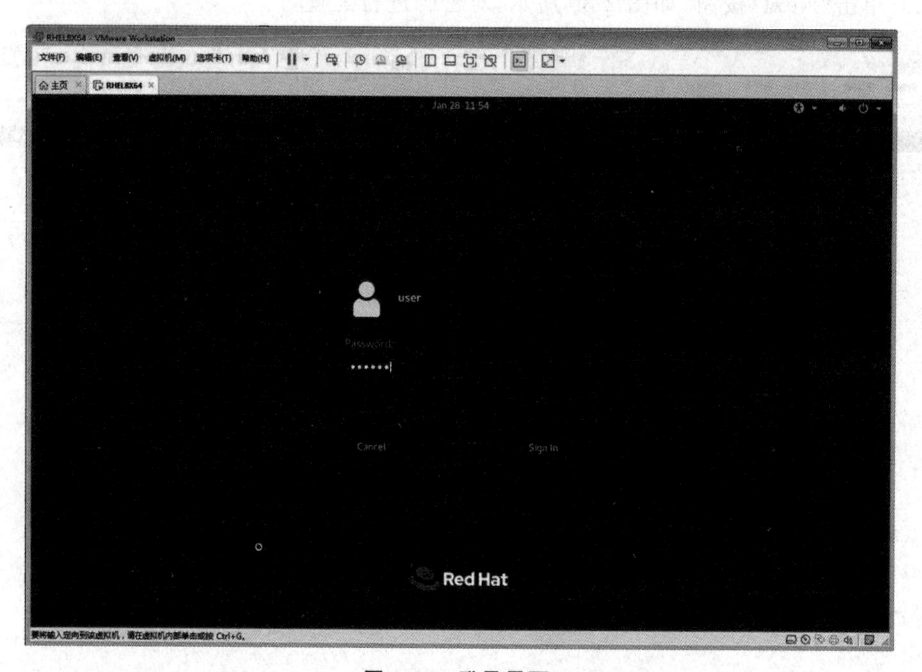

图 2-32 登录界面

（32）初次登录，会有帮助信息，如果不需要，可以单击右上角的关闭按钮，如图 2-33 所示。

（33）进入图 2-34 所示的桌面。此时，系统安装才算完成。

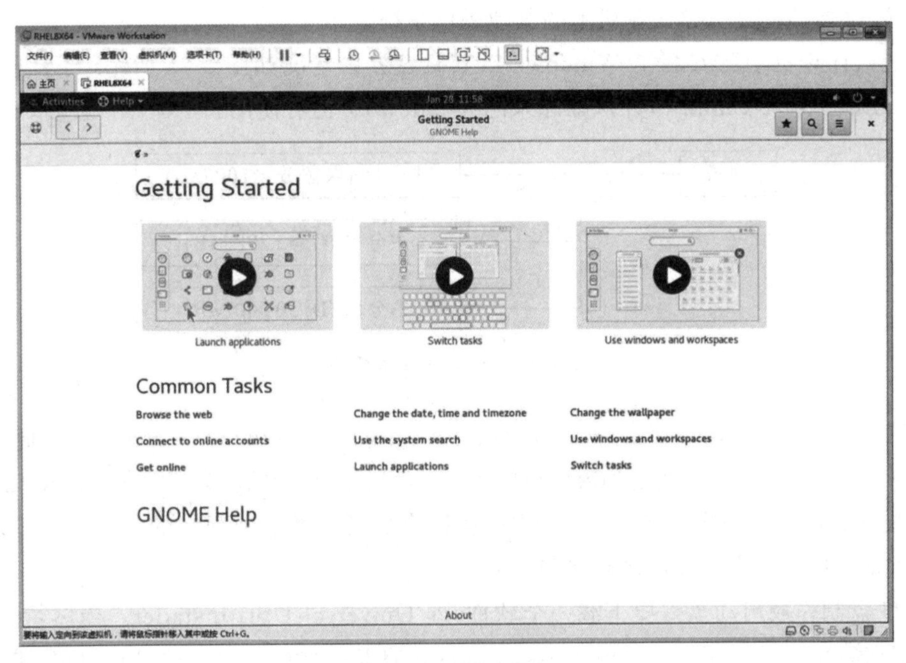

图 2-33　帮助信息

图 2-34　桌面

2.2.2　Linux 系统的多重引导安装

使用 Windows 操作系统的用户，可以再尝试安装 Linux 操作系统，来实现多操作系统引导功能。Linux 操作系统中的多重引导程序为 grub，不仅可以对各种发行版本的 Linux

进行引导，也能够正常引导计算机上的其他操作系统。

假定某计算机中已安装了 Windows 7，其磁盘分区情况如图 2-35 所示，要求增加安装 Red Hat Enterprise Linux 8，并保证原来的 Windows 7 仍可使用。

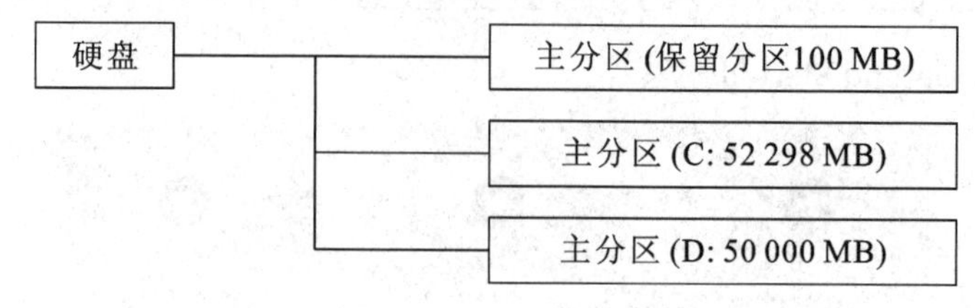

图 2-35 磁盘分区示意图

从图 2-35 可知，此硬盘空间为 100 GB，划分为保留分区、C 盘和 D 盘三部分。对于此类硬盘，比较简便的操作方法是将 D 盘上的数据转移到 C 盘，而利用 D 盘的硬盘空间来安装 RHEL 8。

安装方式可以采用光盘启动，也可以采用 U 盘启动。考虑到现在的笔记本电脑基本上都不带光驱，所以采用 U 盘启动会比较实用。

将 U 盘制作成启动盘需要下载一个软件，即 Universal USB Installer。当然，首先需要从 RedHat 官网下载 Red Hat Enterprise Linux 8 的 ISO 镜像文件。打开计算机，进入已有的 Windows 7 操作系统，将 Linux 系统安装镜像文件用 Universal USB Installer 写入 U 盘；关掉主机，将 U 盘插好，开机后选择从 U 盘启动，开始安装 Linux 系统，直至结束。中间的过程与虚拟机下安装 Linux 是一样的。

2.3 Linux 的启动与关闭

Linux 作为多用户的网络操作系统，系统的启动工作涉及系统的各项网络服务的加载，以及系统关闭时各用户间的作业协调关系，所以掌握 Linux 系统的启动与关闭工作对系统管理员来说是一项重要工作。另外，如果对系统的整个启动流程非常清楚，那么当系统在启动时出现了故障，就可以有针对性地进行系统修复。

2.3.1 Linux 系统的启动引导过程

Linux 系统启动时显示一行行的文本接连滚动出现的信息，它可以告诉用户目前机器在启动时加载了哪些进程、服务、设备等信息，是否正常运行。用户通过了解启动信息的前后顺序以及每一行信息的意义，掌握系统的功能状态，对于系统管理工作来说是相当重要的，系统管理的成功与否也就由此开始。

系统的引导过程分为以下几个步骤。

1. 加载 BIOS(basic input/output system)引导系统

当启动电源时，计算机首先加载 BIOS 引导系统，从硬盘引导会查找 MBR，并且执行记录在 MBR 上的程序，这个程序通常就是操作系统的 Loader。Loader 的主要功能就是指示系统在启动之后要加载哪个系统，Linux 中的 Loader 是 GRUB 或 GRUB2。

2. 进入 GRUB 或 GRUB2

进入 GRUB 或 GRUB2 程序后，系统会出现多重启动菜单，如果计算机已经安装了其他操作系统，则在此列表中出现现有的操作系统选项，可以通过上下方向键选择要进入的系统。GRUB 或 GRUB2 文件引导的作用：指定/boot 位置，指定系统启动时加载的文件名。

3. 加载 Linux Kernel

在 GRUB 或 GRUB2 中选择的是 Linux，系统就会开始加载 Linux 内核程序，此时可以说才正式进入 Linux 的控制。内核被载入内存，开始运行，并已初始化所有的设备驱动程序和数据结构，用户可以通过文本提示信息查看硬件设备是否成功驱动。加载内核作用：系统初始化硬件设备，只读挂载"/"设备。

4. 系统初始化镜像

内核启动之后，系统初始化镜像，其作用：加载系统时钟、加载 selinux、加载系统主机信息、加载/etc/fstab 文件中磁盘挂载策略、加载磁盘配额、初始化系统程序、开启开机启动服务、开启虚拟控制台、开启图形。

5. 系统启动分区

系统在启动时需要首先读取/boot 分区下的信息，其中包含引导文件、系统内核文件、系统初始化镜像文件等数据。

6. 系统启动级别

Linux 系统与其他操作系统不同，它设有运行级。该运行级指定操作系统所处的状态，Linux 系统在任何时候都运行于某个运行级上，且在不同的运行级上运行的程序和服务都不同，所要完成的工作和所要达到的目的也都不同。

Linux 设置了 7 个不同的运行级，系统可以在这些运行级之间进行切换，以完成不同的工作。

运行级 0：关闭计算机。

运行级 1：单用户模式。

运行级 2：多用户模式（不带网络文件系统 NFS 支持功能）。

运行级 3：带有网络文件系统 NFS 支持的多用户模式。

运行级 4：系统保留备用。

运行级 5：图形界面。

运行级 6：重新启动。

运行级 0 是为关闭计算机系统而设的，这时系统中所有已开启的服务都要停止，处于运行状态的进程都要转变为终止状态，系统收回所分配的资源，并关闭系统电源。当使用关机 shutdown－h 或 init 命令时，系统转入该运行级。

运行级 1 是为进入单用户模式维护计算机系统而设的，在该运行级上所有的网络服务都不开启，当系统出现故障时，可以进入该模式进行修复。

运行级 2、3、5 都是多用户模式，只是运行级 2、3 为字符终端方式，但运行级 2 不带网络文件系统（NFS）支持；而运行级 3 带有 NFS；运行级 5 为图形方式，它使普通用户操作更为简单、方便。

运行级 6 是为重启计算机系统而设的，这时系统中所有已开启的服务都要停止，处于运行状态的进程都要转变为终止状态，系统收回所分配的资源，并重新启动计算机系统。当使用 shutdown－r 或 reboot 或 init 6 命令时，系统转入该运行级。

7. 执行默认级别中的所有脚本

根据之前读取的运行级，操作系统会运行 rc0. d 到 rc6. d 中相应的脚本程序，来完成相应的初始化工作和启动相应的服务。如果以 S 开头，表示系统即将启动该程序；如果以 K 开头，则代表停止该服务。S 和 K 后紧跟的数字为启动顺序编号。操作系统启动完相应服务之后，会读取执行/etc/rc. d/rc. local 文件，可以将需要开机启动的任务加到该文件末尾，系统会逐行执行并启动相应命令。

8. 执行/bin/login 程序

Login 程序会提示用户输入账号及口令，进行编码并确认口令的正确性，如果二者相互符合，则开始为用户进行环境的初始化，然后将控制权交给 Shell。

如果默认的 Shell 是 bash，则 bash 会先查找/etc/profile 文件，并执行其中的命令，然后查找用户目录中是否有. bash_profile、. bash_login 或. profile 文件并执行其中一个，最后出现命令提示符等待用户输入命令。

9. 打开登录界面

在以上步骤都正确无误地执行后，系统会按照指定的运行级来打开 X Window 或字符命令的登录界面。整个系统引导过程就结束了。

◆ 2. 3. 2 Linux 的引导程序 GRUB

1. GRUB 与 GRUB2 简介

GRUB(GRand Unified Bootloader)是强大的启动引导程序，不仅可以对各种发行版本的 Linux 进行引导，也能够正常引导计算机上的其他操作系统。GRUB2 全称是 GRand Unified Bootloader，Version 2(第二版大一统引导装载程序)。GRUB 允许用户从任何给定的 Linux 发行版本的几个不同内核中选择一个进行引导。这个特性使得操作系统，在因为关键软件不兼容或其他某些原因升级失败时，具备引导到先前版本的内核的能力。在 RHEL 7 以前的版本中，GRUB 能够通过文件 /boot/grub/grub. conf 进行配置。

GRUB 现在已经逐步被弃用，被 GRUB2 替代，GRUB2 是在 GRUB 的基础上重写的。GRUB2 提供了与 GRUB 同样的引导功能，但是 GRUB2 也是一个类似主框架(mainframe)系统上的基于命令行的前置操作系统(Pre-OS)环境，使得在预引导阶段配置更为方便和易操作。GRUB2 通过 /boot/grub2/grub. cfg 进行配置。

2. GRUB2 的启动菜单

正确安装 RHEL 8 操作系统后，可从硬盘引导系统，首先系统进入启动的初始界面，在默认状态下系统将直接进入系统的引导步骤界面，若此时不停地按下空格键，则系统进入启动菜单界面，如图 2-36 所示。

在该界面中可以选择 GRUB2 配置文件中的预设启动菜单项，从而实现硬盘中多个操作系统的切换引导，此外还可以从该界面进入菜单项编辑界面和 GRUB 命令行界面。

启动菜单的编辑界面下，可以对 GRUB 配置文件中已经存在的启动项做进一步的调整，如对现有的命令行进行编辑、添加删除命令行，最后选择 B 键以当前的配置启动。

图 2-36 GRUB2 启动菜单

例如,以单用户方式启动系统的 GRUB 配置命令操作步骤如下(单用户模式启动系统只能在本地操作,且系统不用登录)。

(1)在 GRUB2 选项菜单中按 E 键进入编辑模式。可以对 GRUB2 配置进行编辑。

(2)按 Ctrl+X 键重启。GRUB2 启动菜单的编辑界面下的修改只对本次启动生效,并没有保存到 grub.cfg 的配置文件中。GRUB2 的配置文件通常为 /boot/grub2/grub.cfg,虽然此文件格式很灵活,但是我们并不需要手写所有内容,可以通过程序自动生成,或是直接修改生成之后的文件。通常情况下简单配置文件 /etc/default/grub ,然后用程序 grub-mkconfig 生成文件 grub.cfg。

◆ 2.3.3 Linux 系统的登录

1. 登录模式

1) 图形界面登录

图形界面也称 X Window 或图形化界面,是系统安装时默认登录模式,如图 2-32 所示。用户名可以选择普通用户 user,该用户为安装过程中所创建的普通用户,密码为系统安装时所设定的密码。若要以管理员身份登录,则选择“Not listed?”,如图 2-37 所示,然后输入用户名为 root(系统管理员),并输入密码。正确输入后便进入 RHEL 8 的图形化界面。Linux 的图形化界面默认为 GNOME 桌面,也可以安装 KDE 桌面,若安装了 KDE 桌面,则登录时可以选择进入 KDE 桌面。

2) 文本模式登录

RHEL 8 使用 systemed 开机启动脚本,而 inittab 文件不再生效,systemed 使用“target”取代了之前的“runlevel”。

multi-user.target 等同于 runlevel 3。

graphical.target 等同于 runlevel 5。

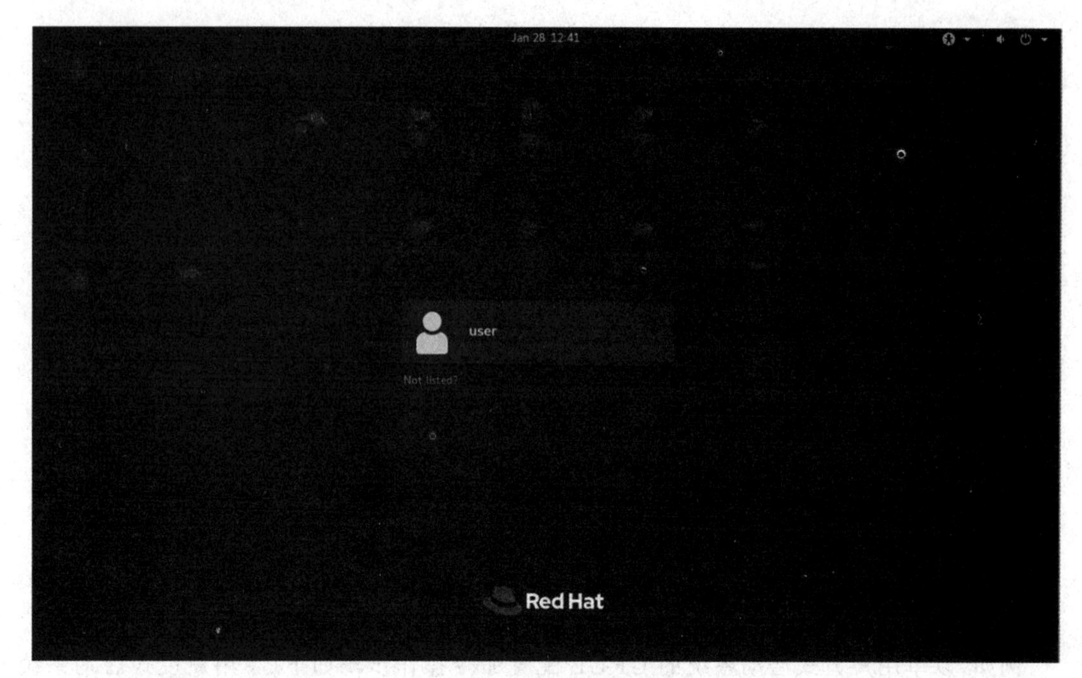

图 2-37　图形化登录界面

如图 2-38 所示，为了在 Linux 启动时直接进入字符界面，可以在命令行状态下执行：

```
$ systemctl set-default multi-user.target
$ reboot
```

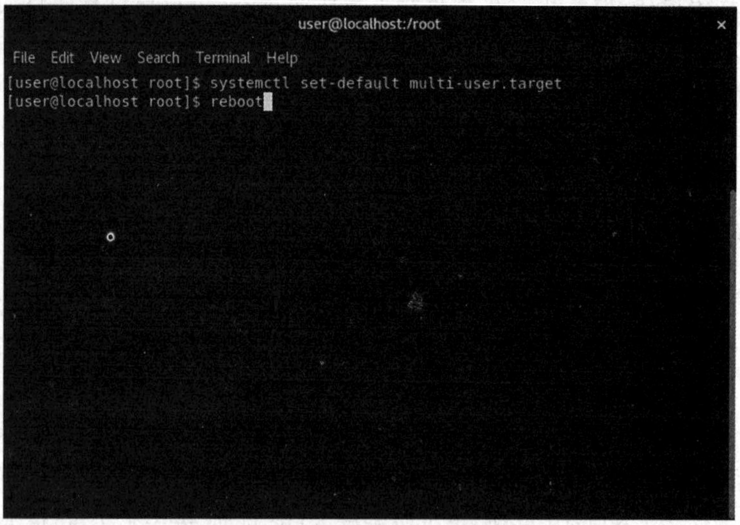

```
user@localhost:/root
File  Edit  View  Search  Terminal  Help
[user@localhost root]$ systemctl set-default multi-user.target
[user@localhost root]$ reboot
```

图 2-38　修改配置为文本模式登录

图 2-39 所示为进入的字符登录界面。

在以上字符登录界面中输入登录用户名 root 及密码，密码不回显。输入正确后则出现用户上次登录的时间及登录的终端。下面一行为命令提示符，其中“root”为当前登录的用户名，“localhost”为主机名，“～”为当前工作目录，即当前登录用户 root 的工作目录为“/root”，提示符为“#”。

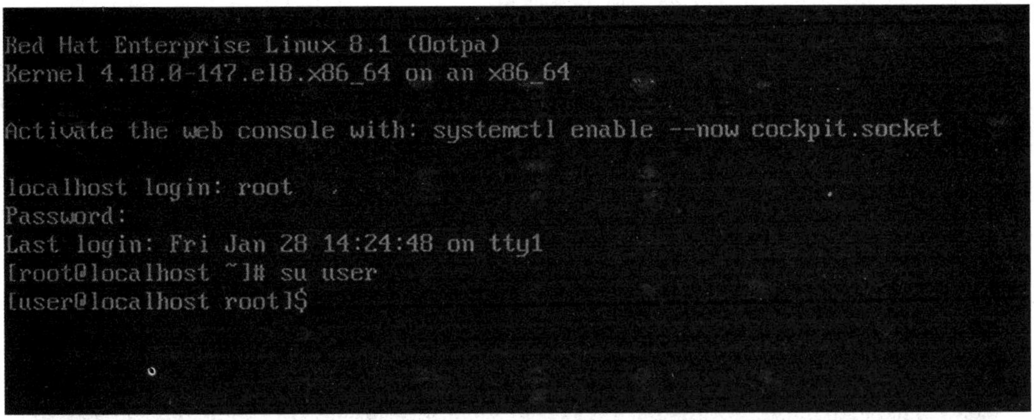

```
Red Hat Enterprise Linux 8.1 (Ootpa)
Kernel 4.18.0-147.el8.x86_64 on an x86_64

Activate the web console with: systemctl enable --now cockpit.socket

localhost login: root
Password:
Last login: Fri Jan 28 14:24:48 on tty1
[root@localhost ~]# su user
[user@localhost root]$
```

图 2-39 字符登录界面

在提示符后输入命令“su－user”将当前用户切换至普通用户“user”，此时命令提示符中的当前用户就变为“user”，当前工作目录仍然为“/root”，提示符变为“$”。

若需恢复Linux启动时直接进入图形界面，可以在命令行状态下执行：

```
$ systemctl set-default graphical.target
$ reboot
```

2. 虚拟控制台

Linux具备虚拟终端(virtual terminal)功能，可为用户提供多个互不干扰、独立工作的工作界面。Linux可以提供6个虚拟控制台(字符界面)及1个图形化终端。操作Linux计算机时，用户面对的虽然只是一套物理终端设备，但是仿佛在操作多个终端设备。每个虚拟控制台相互独立，用户可以以相同或不同的账号登录各虚拟控制台，同时使用计算机。

在图形界面下按Ctrl＋Alt＋功能键Fn(n＝1～6)就可以进入字符操作界面，即6个虚拟控制台。在字符界面下按Ctrl＋Alt＋F7又可以切换到图形界面。但若首次登录系统是字符界面，则必须输入命令“startx”方可进入图形界面。这7个终端编号分别为tty1～tty7。

◆ 2.3.4 Linux系统的注销与关闭

1. 注销

已经登录的用户如果不再需要使用系统，则应该注销，即退出登录状态。在字符界面下可使用的方法有两种：输入exit命令或者使用Ctrl＋D组合键。

Linux是多用户操作系统，注销表示一个用户不再使用系统，而正在使用计算机的其他用户的操作并不会受到影响。退出登录后，虚拟终端又恢复到字符登录界面，等待其他用户登录。

2. 重启

重启系统的命令有很多，常用的有reboot、init 6、shutdown－r now。

3. 关机

无论使用哪种操作系统，关机都不是简单的关闭电源。特别是对于Linux操作系统而言，由于采用磁盘高速缓冲存储技术，一些数据在系统繁忙时并没有保存到硬盘上，直接关机将造成数据丢失，严重时甚至会造成系统崩溃。

输入 init 0、halt、shutdown－h now 命令，将立即关闭计算机。

在关机过程中，Linux 会终止所有在后头运行的守护进程，卸载所有的文件系统，然后关闭电源。关机信息如图 2-40 所示。

```
Stopping abrt daemon:                                          [  OK  ]
Stopping sshd:                                                 [  OK  ]
Shutting down postfix:                                         [  OK  ]
Stopping crond:                                                [  OK  ]
Stopping automount:                                            [  OK  ]
Stopping acpi daemon:                                          [  OK  ]
Stopping HAL daemon:                                           [  OK  ]
Stopping block device availability: Deactivating block devices:
                                                               [  OK  ]
Stopping NetworkManager daemon:                                [  OK  ]
Stopping system message bus:                                   [  OK  ]
Stopping rpcbind:                                              [  OK  ]
Stopping auditd:                                               [  OK  ]
Shutting down system logger:                                   [  OK  ]
Shutting down loopback interface:                              [  OK  ]
ip6tables: Setting chains to policy ACCEPT: filter             [  OK  ]
ip6tables: Flushing firewall rules:                            [  OK  ]
ip6tables: Unloading modules:                                  [  OK  ]
iptables: Setting chains to policy ACCEPT: filter              [  OK  ]
iptables: Flushing firewall rules:                             [  OK  ]
iptables: Unloading modules:                                   [  OK  ]
Sending all processes the TERM signal...                       [  OK  ]
Sending all processes the KILL signal...                       [  OK  ]
Saving random seed:                                            [  OK  ]
Syncing hardware clock to system time
```

图 2-40 关机信息

4. 关机与重启的实用技巧

在实际生产环境中，由于 Linux 是多用户操作系统，同一时间可能有多个用户正在使用，立即关机可能导致其他用户的工作被突然打断。因此，通常系统管理员在关机或重新启动之前都会提前发出信息，提醒所有的用户系统即将关机或重新启动，并预留一段时间让用户结束各自的工作，并退出登录。常用的关机和重启命令如下：

shutdown-h 10	10 分钟后关机
shutdown-r 10	10 分钟后重启

输入"shutdown－h 10"命令后，系统会立即向所有的终端发送"The system is going DOWN for halt in 10 minutes(系统将在 10 分钟后关闭)"信息，并且每分钟会再发送一次提醒信息，预定时间到期后，系统将自动进行关机操作。

当然，在预定时间到期之前也可以使用 Ctrl＋C 组合键取消关机操作，系统将停止向所有终端发送提醒信息。另外，甚至可以把关机命令写成"shutdown－h ＋4 The computer will shutdown in 4 minutes"，则除了发送倒计时信息以外，还会发送超级用户设置的"The computer will shutdown in 4 minutes"信息。

本章小结

本章主要介绍了 Linux 的安装及引导过程。Linux 系统在安装之前需要下载 ISO 安装镜像文件。安装方式有很多种，例如硬盘启动、光盘启动、U 盘启动等；还可以只安装 Linux、Windows 与 Linux 双系统或者在 VMware 虚拟机下安装 Linux。这几种安装方式只是前期准备工作稍有不同，后续安装过程都是相同的。本章主要介绍了在 VMware 虚拟机下安装 Linux 的方法。

Linux 的启动引导过程比较复杂，但如果了解了整个引导过程对系统管理员来说是非常重要的。如果系统出现了故障，只要不是特别严重，一般情况下可以进行修复，但前提是对系统的启动引导流程非常清楚，知道故障出现在哪一个环节，这样才能有针对性地进行排除。在引导过程中有一个非常重要的引导程序——GRUB2，本章对 GRUB2 的功能、启动菜单及配置文件做了较详细的介绍。

Linux 系统有 6 个虚拟控制台及 1 个图形界面，其中 6 个虚拟控制台即字符界面。这些终端之间可以通过快捷键进行切换，Linux 正是因为具有多控制台功能才能实现其多用户特性。

Linux 系统具有很多种登录、重启及注销和关闭的命令，可根据实际需要选择相应命令。

习题

1. 选择题

(1) 安装 Linux 至少需要几个分区？ ( )

A. 2　B. 3　C. 4　D. 5

(2) RHEL 6 系统启动时默认由以下哪个系统引导程序实施系统加载？ ( )

A. grub　B. LILO　C. KDE　D. GNOME

(3) /dev/sda5 在 Linux 中表示什么？ ( )

A. 主分区　B. 根分区　C. 逻辑分区　D. 交换分区

(4) 系统引导的过程一般包括如下几步：①MBR 中的引导装载程序启动；②用户登录；③Linux 内核运行；④BIOS 自检。以下哪个顺序是正确的？ ( )

A. ④②③①　B. ④①③②

C. ②④③①　D. ①④③②

(5) 初次启动 RHEL 6 时需要添加一个用户账号，此账号属于哪个类型的用户？ ( )

A. 超级用户　B. 系统用户　C. 管理员用户　D. 普通用户

（6）Linux 系统中的单用户模式对应于以下哪个运行级？（　　）

A. 5　　B. 6　　C. 3　　D. 1

（7）以下哪个命令可以重启系统？（　　）

A. init 0　　B. reboot　　C. restart　　D. shutdown－h now

（8）若默认启动为字符界面，则如何进入图形界面？（　　）

A. startx　　B. init 5　　C. Ctrl＋Alt＋F7　　D. Ctrl＋Alt＋F1

（9）硬盘的基本结构决定了一块硬盘最多拥有几个主分区？（　　）

A. 3　　B. 5　　C. 4　　D. 2

（10）MBR 位于硬盘的什么位置？（　　）

A. 1 磁道 1 扇区　　B. 0 磁道 0 扇区

C. 1 磁道 0 扇区　　D. 0 磁道 1 扇区

2. 简答题

（1）swap 分区有什么作用？

（2）简述 Linux 系统的引导过程。

（3）简述 Linux 系统的 7 个运行级。

第 3 章 Linux 操作基础

Shell 是 Linux 系统的一个重要组成部分。本章主要介绍了 Shell 的功能，常用的 Shell 命令，命令行快捷方式，以及 Shell 所提供的通配符、重定向、管道、别名等功能；此外，还介绍了 Linux 的文本处理工具及 vi 编辑器的使用。

3.1 Shell 概述

3.1.1 Shell 简介

Shell 的英文原意是“壳”，这个词形象地说明了它所处的位置及所扮演的角色。在 Linux 系统中，Shell 就是一组介于用户与 Linux 系统内核之间的系统程序，但是与其他系统应用程序不同的是：一旦用户登录上系统，Shell 就被系统装入到内存中并一直运行到用户退出系统为止；而一般的系统应用程序是在需要时才调入内存执行，任务完成后立即退出内存。Shell 就像包裹在系统内核外的“壳”，在命令行模式下用户必须通过它才能与 Linux 系统交互，所以 Shell 是用户与 Linux 内核之间的接口。

由于用户在命令行模式下发出的所有命令都必须通过 Shell 与内核的交互才能完成，因此，Shell 是一个命令解释程序，其作用相当于 MS-DOS 的 command. com 程序。作为命令解释器，它能解释并处理用户在系统提示符后输入的命令，并将命令运行的结果返回给用户。

Shell 拥有自己内建的 Shell 命令集，也能被系统中其他应用程序所调用。有一些命令，比如改变工作目录命令 cd，是包含在 Shell 内部的，还有一些命令，例如拷贝命令 cp 和删除命令 rm，是存在于文件系统中某个目录下的单独的程序。但用户不必关心某个命令是建立在 Shell 内部还是一个单独的程序。

Shell 首先检查命令是否是内部命令，若不是再检查是否是一个应用程序（这里的应用程序可以是 Linux 本身的实用程序，如 ls 和 rm，也可以是购买的商业程序，如 xv，或者是自由软件，如 emacs），然后 Shell 在搜索路径（PATH 变量）里寻找这些应用程序（搜索路径就是一个能找到可执行程序的目录列表）。如果键入的命令不是一个内部命令并且在路径里没有找到这个可执行文件，将会显示一条错误信息。如果能够成功找到命令，该内部命令或应用程序将被分解为系统调用并传给 Linux 内核。

Shell 的另一个重要特征是它自身就是一个解释型的程序设计语言。Shell 程序设计语言支持绝大多数在高级语言中能见到的程序元素，如函数、变量、数组和程序控制结构。Shell 编程语言简单易学，任何在提示符中能输入的命令都能放到一个可执行的 Shell 程序中。

3.1.2 Shell 的分类

在 Linux 中有许多种 Shell，每种都有自己的特点。下面介绍几种常见的 Shell。

1）Bourne Shell

首个重要的标准 Unix Shell 是 1970 年底在 V7 Unix(AT&T 第 7 版)中引入的，并且以它的创始科技部基础条件平台“国家气象网络计算应用节点建设”(2004DKA50730)资助者 Stephen Bourne 的名字命名。

Bourne Shell 是一个交换式的命令解释器和命令编程语言，可以运行为 login Shell 或者 login Shell 的子 Shell(subshell)。只有 login 命令可以调用 Bourne Shell 作为一个 login Shell。此时，Shell 先读取/etc/profile 文件和 $ HOME/. profile 文件。/etc/profile 文件为所有的用户定制环境，$ HOME/. profile 文件为本用户定制环境。最后，Shell 会等待读取用户的输入。

2）C Shell

Bill Joy 于 20 世纪 80 年代早期，在伯克利的加利福尼亚大学开发了 C Shell。它主要是为了让用户更容易地使用交互式功能，并把 ALGOL 风格的语法结构变成了 C 语言风格。它新增了历史记录、别名、文件名替换、作业控制等功能。

3）Korn Shell

有很长一段时间，只有两类 Shell 供人们选择，Bourne Shell 用来编程，C Shell 用来交互。为了改变这种状况，AT&T 的贝尔实验室里的 David Korn 开发了 Korn Shell。Korn Shell 结合了所有的 C Shell 的交互式特性，并融入了 Bourne Shell 的语法。因此，Korn Shell 广受用户的欢迎。它还新增了数学计算、进程协作(coprocess)、行内编辑(inline editing)等功能。Korn Shell 是一个交互式的命令解释器和命令编程语言，它符合 POSIX 标准。

4）Bourne Again Shell(bash)

bash 是 GNU 计划的一部分，用来替代 Bourne Shell。它用于基于 GNU 的系统，如 Linux。大多数的 Linux(Red Hat、Slackware、Caldera)都以 bash 作为缺省的 Shell，并且运行 sh 时，其实调用的是 bash。

3.2 简单 Shell 命令

Shell 命令作为使用 Linux 操作系统的最基本的方式之一，用户需要熟练掌握常用的 Shell 命令，可以实现高效地管理 Linux 系统。

3.2.1 Shell 命令的一般格式

Linux 命令又称 Shell 命令。用户登录后 Shell 运行并进入内存，它遵循一定的语法，将输入的命令加以解释并传给系统。

命令行中输入的第一个字必须是一个命令的名字，第二个字是命令的选项或参数，命令行中的每个字必须由空格隔开，格式如下：

命令名 [选项] [参数]

选项是一种标志，常用来扩展命令的特性或功能。[选项]的方括号表示语法上选项可有可无。选项往往包括一个或多个英文字母，在字母前面有一个减号(减号是必要的，Linux用它来区别选项和参数，参数是不带减号的)。例如没有选项的 ls 命令，可列出目录中的所有文件，但只列出各个文件的名字，而不显示其他更多的信息。而 ls - l 命令可以列出包含文件大小、权限、修改日期等更多信息的文件或文件夹(目录)列表，此处的“l”代表“long”，即以长格式显示当前目录下的内容。

3.2.2 简单 Shell 命令实例

下面介绍几种常用的且较简单的 Shell 命令。

1. pwd

格式：pwd

功能：显示当前目录的绝对路径。

pwd 命令是“print work directory”的缩写，其功能是显示当前目录。例如，系统默认以 root 用户登录图形界面后打开一个终端，输入以下命令：

```
[root@localhost~ ]#pwd
/root
[root@localhost~ ]#
```

表明当前目录为/root。

由于在不同时候、不同环境中所用的工作目录会有很大的差异，所以由 pwd 命令显示的结果就因具体情况而异。

在实际操作中，要经常使用该命令以明确当前的操作目录，以免造成混乱。

2. cd

格式：cd [目录]

功能：切换到指定目录。

cd 命令是“charge directory”的缩写，其功能是改变目录到指定目录。常用的有以下几种情况：

```
[root@localhost Desktop]#cd/root
[root@localhost~]#
```

切换到指定的目录/root。

```
[root@localhost~]#cd
[root@localhost~]#
```

切换到用户家目录，cd 命令不带任何参数表示切换到当前用户的家目录。

```
[root@localhost~]#cd ..
[root@localhost/]#
```

返回上一级目录，当前目录为/root，返回上一级目录，则为/。

```
[root@localhost/]#cd-
/root
[root@localhost~]#
```

返回上一个目录，上次操作时的目录为/root，如上例所示。所以，该命令显示结果为“/root”。这个命令要注意和“cd ..”命令相区别。

3. ls

格式：ls ［选项］ ［文件|目录］

功能：显示指定目录下的内容。内容包括该目录下的文件和子目录。当不指定目录时，则显示当前目录中的文件和子目录信息。“ls”为“list”的缩写。

主要选项说明如下。

－a 显示所有文件和子目录，包括隐藏文件和隐藏子目录。Linux 中的隐藏文件和隐藏子目录以“.”开头。

－l 显示文件和子目录的详细信息，即以长格式显示，包括文件类型、权限、拥有人和拥有组、文件大小、最近一次修改时间、文件名等信息。

－d 参数应该是目录，只显示目录的信息，而不显示其中所包含的文件及子目录的信息，该选项通常与“－l”选项一起使用，后接目录名，功能是以长格式显示目录的信息。

－R 不仅显示指定目录下的文件和子目录信息，而且还递归地显示各子目录下的文件和子目录信息。

－t 按照时间顺序显示文件，新的文件排在前面。ls 命令默认按照字母顺序排列。

例如：

```
[root@localhost~]#ls
aaa.txt  dead.letter  Documents  etc    Pictures  Templates
bin      Desktop      Downloads  Music  Public    Videos
[root@localhost~]#
```

“ls”仅显示当前目录下的文件名及子目录名。

```
[root@localhost~]#ls-l
total 48
-rw-r--r--.   1 root root    6 Jan 14 16:18 aaa.txt
drwxr-xr-x.   2 root root 4096 Dec 23 19:19 bin
-rw-------.   1 root root  197 Dec 30 13:15 dead.letter
drwxr-xr-x.   2 root root 4096 Mar  9 17:27 Desktop
drwxr-xr-x.   2 root root 4096 Oct  9 20:01 Documents
drwxr-xr-x.   2 root root 4096 Oct  9 20:01 Downloads
drwxr-xr-x.  18 root root 4096 Nov 28 20:17 etc
drwxr-xr-x.   2 root root 4096 Oct  9 20:01 Music
drwxr-xr-x.   2 root root 4096 Oct  9 20:01 Pictures
drwxr-xr-x.   2 root root 4096 Oct  9 20:01 Public
drwxr-xr-x.   2 root root 4096 Oct  9 20:01 Templates
drwxr-xr-x.   2 root root 4096 Oct  9 20:01 Videos
[root@localhost~]#
```

“ls －l”以长格式形式显示当前目录下的文件及子目录，即显示详细信息。

```
[root@localhost~]#ls-a
.               Documents          .imsettings.log       .serverauth.1883
..              Downloads          .lesshst              .serverauth.1947
```

```
aaa.txt          .esd_auth          .lftp                 .serverauth.1948
.abrt            etc                .local                .ssh
.bash_history    .gconf             .mozilla              .tcshrc
.bash_logout     .gconfd            Music                 Templates
.bash_profile    .gnome2            .nautilus             .themes
.bashrc          .gnome2_private    Pictures              .thumbnails
bin              .gnote             Public                Videos
.cache           .gnupg             .pulse                .viminfo
.config          .gstreamer-0.10    .pulse-cookie         .Xauthority
.cshrc           .gtk-bookmarks     .recently-used.xbel   .xinputrc
.dbus            .gvfs              .serverauth.1861
dead.letter      .ICEauthority      .serverauth.1868
Desktop          .icons             .serverauth.1871
```

“ls —a”中的“a”代表“all”，即显示当前目录下所有文件名及目录名，包含隐藏文件及目录。

```
[root@localhost~]#ls-la
total 240
dr-xr-x---.   33 root root  4096 Mar  9 17:37 .
dr-xr-xr-x.   28 root root  4096 Mar  9 15:17 ..
-rw-r--r--.    1 root root     6 Jan 14 16:18 aaa.txt
drwxr-xr-x.    3 root root  4096 Jan 18 23:21 .abrt
-rw-------.    1 root root  5029 Mar  9 16:34 .bash_history
-rw-r--r--.    1 root root    18 May 20  2009 .bash_logout
-rw-r--r--.    1 root root   176 May 20  2009 .bash_profile
-rw-r--r--.    1 root root   176 Sep 23  2004 .bashrc
drwxr-xr-x.    2 root root  4096 Dec 23 19:19 bin
drwxr-xr-x.    5 root root  4096 Mar  9 15:20 .cache
drwx------.    6 root root  4096 Dec 25 16:36 .config
-rw-r--r--.    1 root root   100 Sep 23  2004 .cshrc
drwx------.    3 root root  4096 Oct  9 20:01 .dbus
-rw-------.    1 root root   197 Dec 30 13:15 dead.letter
drwxr-xr-x.    2 root root  4096 Mar  9 17:36 Desktop
drwxr-xr-x.    2 root root  4096 Oct  9 20:01 Documents
drwxr-xr-x.    2 root root  4096 Oct  9 20:01 Downloads
-rw-------.    1 root root    16 Oct  9 20:01 .esd_auth
drwxr-xr-x.   18 root root  4096 Nov 28 20:17 etc
```

（略）

“ls —la”代表“ls —l —a”，表示以长格式形式列出当前目录下的内容，包含隐藏文件及目录。

```
[root@localhost~]#ls--help
Usage:ls [OPTION]... [FILE]...
List information about the FILEs(the current directory by default).
Sort entries alphabetically if none of-cftuvSUX nor--sort.

Mandatory arguments to long options are mandatory for short options too.
  -a,--all                  do not ignore entries starting with .
  -A,--almost-all           do not list implied.and..
     --author               with -l,print the author of each file
  -b,--escape               print octal escapes for nongraphic characters
     --block-size=SIZE      use SIZE-byte blocks.See SIZE format below
```

（略）

“ls ——help”中的“help”是一个选项，前面加两个减号，并不是－h、－e、－l 和－p 的缩写。该命令代表查看 ls 命令的帮助信息。

ls 命令还可以用于查看某个文件及目录的详细信息。如：

```
[root@localhost~]#ls -l/etc/passwd
-rw-r--r--. 1 root root 1892 Jan 18 23:31/etc/passwd
[root@localhost~]#ls -ld/root
dr-xr-x---. 33 root root 4096 Mar  9 17:40/root
```

4. date

格式：date [＋FORMAT] 或 date [MMDDhhmm[YY][YYYY]]

功能：查看或修改系统时间。如：

```
[root@localhost~]#date
Wed Mar  9 18:00:54 CST 2016
```

date 命令的显示内容依次为星期、月份、日期、小时、分钟、秒、时区和年份。以上命令显示的时间为 2016 年 3 月 9 日 18 点 00 分 54 秒，星期三，CST 代表时区。

```
[root@localhost~]#date+%y%m%d
160309
[root@localhost~]#date+%y/%m/%d
16/03/09
[root@localhost~]#date+'%y/%m/%d %H:% M:%S'
16/03/09 18:02:34
```

以上三个例子显示了利用 date 命令查看系统时间，可以以不同的格式显示。

```
[root@localhost~]#date 112711202015.30
Fri Nov 27 11:20:30 CST 2015
```

上例利用 date 命令修改系统时间，参数按照“月日时分年.秒”的格式给出。

5. cal

格式：cal [YYYY]

功能：显示日历。

例如：

```
[root@localhost~]#cal
        March 2016
Su  Mo  Tu  We  Th  Fr  Sa
        1   2   3   4   5
6   7   8   9   10  11  12
13  14  15  16  17  18  19
20  21  22  23  24  25  26
27  28  29  30  31
```

显示本月的日历。若参数为年份，则显示该年的日历。

6. who

格式：who

功能：显示当前已登录到系统的所有用户名及其终端名和登录到系统的时间。如：

```
[root@localhost~]#who
jerry    tty2       2016-03-09 18:32
root     tty1       2016-03-09 15:19(:0)
root     pts/0      2016-03-09 16:34(:0.0)
```

表明目前有两个用户在系统中，root 用户使用 tty1 终端，登录时间为 2016 年 3 月 9 日 15 点 19 分，并打开一个伪终端 pts/0，登录时间为 2016 年 3 月 9 日 16 点 34 分；jerry 使用 tty2 终端，登录时间为 2016 年 3 月 9 日 18 点 32 分。

7. clear

格式：clear

功能：清除当前终端的屏幕内容。

也可以使用快捷组合键 Ctrl＋L。

◆ 3.2.3 获取帮助

用户需要掌握许多命令来使用 Linux 操作系统。为了方便用户，Linux 提供了很多种获取帮助的方式。

1. ——help

格式：命令名　——help

功能：显示指定命令的帮助信息。

“help”作为命令选项位于某待查询的命令后，即可查询该命令的使用方法。如：

```
[root@localhost~]#date--help
Usage:date [OPTION]...[+FORMAT]
  or:  date [-u|--utc|--universal] [MMDDhhmm[[CC]YY][.ss]]
Display the current time in the given FORMAT,or set the system date.

  -d,--date=STRING          display time described by STRING,not'now'
  -f,--file=DATEFILE        like--date once for each line of DATEFILE
  -r,--reference=FILE       display the last modification time of FILE
```

```
     -R,--rfc-2822    output date and time in RFC 2822 format.
                          Example:Mon,07 Aug 2006 12:34:56 -0600
        --rfc-3339=TIMESPEC output date and time in RFC 3339 format.
                          TIMESPEC='date','seconds',or'ns' for
                          date and time to the indicated precision.
                          Date and time components are separated by
                          a single space:2006-08-07 12:34:56-06:00
```

（略）

2. man

格式：man　命令名

功能：显示指定命令的手册页帮助信息。如输入命令：

```
man  date
```

则显示如下内容：

```
DATE(1)                          User Commands                          DATE(1)
NAME
        date-print or set the system date and time

SYNOPSIS
        date [OPTION]... [+ FORMAT]
        date [-u|--utc|--universal] [MMDDhhmm[[CC]YY][.ss]]

DESCRIPTION
        Display the current time in the given FORMAT,or set the system date.

       -d,--date=STRING
               display time described by STRING,not now
       -f,--file=DATEFILE
               like--date once for each line of DATEFILE

       -r,--reference=FILE
               display the last modification time of FILE
```

（略）

3. info

格式：info　命令名

功能：查询命令的用法或者文件的格式。

基本上，info 与 man 的用途差不多。但是与 man page 一下子输出一堆信息不同的是，info page 则是将文件数据拆成一个一个的段落，每个段落用自己的页面来撰写，并且在各个页面中还有类似网页的“超链接”，利用它可以跳到各个不同的页面中，每个独立的页面也被称为一个节点(node)。所以，可以将 info page 看成命令行模式的网页显示数据。

4. /usr/share/doc

一般而言，命令或者软件开发者都会将自己的命令或者软件的说明制作成“在线帮助文件”。但是，毕竟不是什么都需要做成在线帮助文件的，还有相当多的说明需要额外的文件。此时，所谓的“How To Do”就很重要了。另外，某些软件不仅会告诉用户“如何做”，还会有一些相关的原理说明。

这些帮助文档就位于/usr/share/doc 目录下。例如，想要了解 samba 的用法，则可到该目录下的 samba—common—3.6.9 子目录下查询相关帮助文档。

以上各种获取帮助的方法，man 命令是最常使用的。

◆ 3.2.4 bash 变量

1. 变量的设置与引用

Linux 系统中的变量通常采用大写字母来表示。变量设置格式为“变量名＝值”。例如：

```
A=100
```

变量的引用格式为“$变量名”或“${变量名}”，一般情况下可以不用加大括号，但在以下这种情况下大括号就是必须要加的了。

echo $Atest 将 Atest 当作一个变量；

echo ${A}test 将 test 加到变量 A 之后。

其中，echo 表示将结果显示在屏幕上。

2. 环境变量

系统中某些特定的会影响到 bash 环境的变量称为环境变量。环境变量具有很多功能，包括主文件夹的变换、提示符的显示、执行文件查找的路径等。可以使用命令 env 或 export 来查阅系统默认的环境变量。以下介绍几个较常见的环境变量。

(1) PS1：系统提示符环境变量。

```
[root@localhost~]#echo $PS1
[\u@\h \W]\$
```

系统提示符的显示是由变量 PS1 所定义的，其中\u 代表当前登录用户，\h 代表主机名，\W 代表当前目录。

(2) HISTSIZE：默认保存的历史记录数。

```
[root@localhost~]#echo $HISTSIZE
1000
```

代表默认保存历史记录数为 1000 条。

(3) PATH：执行文件查找的路径。

```
[root@localhost~]#echo $PATH
/usr/lib64/qt-3.3/bin:/usr/local/sbin:/usr/sbin:/sbin:/usr/local/bin:/u
sr/bin:/bin:/root/bin
```

PATH 变量的值都是一些目录，目录与目录之间以冒号(:)分隔，由于文件的查找是依序由 PATH 变量内的目录来查询的，所以目录的顺序也是重要的。

(4) USER：当前登录用户。

```
[jerry@localhost~]$echo $USER
jerry
```

USER 的值为当前用户 jerry。

(5) HOME：当前用户的家目录。

```
[jerry@localhost~]$echo $HOME
/home/jerry
```

当前用户 jerry 的家目录为/home/jerry。

(6) EUID：当前用户的 UID。

```
[jerry@localhost~]$echo $EUID
503
```

当前用户 jerry 的 UID 为 503。

3. 与 Shell 有关的配置文件

在 Linux 操作系统中，有以下几个主要的与 Shell 有关的配置文件。

(1)/etc/profile 文件。这是系统最重要的 Shell 配置文件，也是用户登录系统最先检查的文件，系统的环境变量多定义在此文件中，主要包括 PATH、USER、LANG、MAIL、HOSTNAME、HISTSIZE 和 INPUTRC。

(2)～/. bash_profile 文件。每个用户的 bash 环境配置文件，存在于用户的家目录下，当系统运行/etc/profile 后，将读取此文件的内容，此文件定义了 USER、EUID、HOME、PATH 等环境变量，此处的 PATH 包括了用户自己定义的路径以及用户的“bin”路径。

(3)～/. bashrc 文件。前两个文件仅在系统登录时读取，此文件将在每次运行 bash 时读取，此文件主要定义的是一些终端设置以及 Shell 提示符等，而不定义环境变量等内容。

(4)～/. bash_history 文件。该文件保存了用户的历史记录。

3.3 Shell 命令的高级操作

Linux 系统除了提供丰富的 Shell 命令外，同时也提供了强大的 Shell 高级操作的扩展功能，这样不仅为用户提供方便，同时也丰富了 Shell 的功能。

3.3.1 自动补齐

Linux 命令较多，有的较长，有时容易出错。其实在 bash 中，用户在使用命令或输入文件名时不需要输入完整信息，可以让系统来补齐最符合的名称。如果有多个符合，则会显示所有与之匹配的命令或文件名。

例如，用户首先输入命令的前几个字母，然后按 Tab 键，如果与输入字母匹配的仅有一个命令名或文件名，系统将自动补齐；如果有多个匹配，将需要再次按 Tab 键，系统将列出所有与之匹配的命令或文件名，从而方便用户从中选择。

1. 自动补齐命令名

```
[root@localhost~]#if
if      ifcfg     ifconfig   ifdown    ifenslave   ifrename   ifup
[root@localhost~]#ifconfig
```

欲执行命令“ifconfig”，但只记得前两个字母，输入“if”，按 Tab 键两次，则将所有以“if”开头的命令都列出，从中选择“ifconfig”执行即可。

2. 自动补齐文件名或目录名

```
[root@localhost~]#cd/etc/sysconfig/network-
```

目录名太长，输入前面几个字母“network－”，按 Tab 键，则自动补齐为“network－scripts”。

```
[root@localhost~]#cd/etc/sysconfig/network-scripts/
```

◆ 3.3.2 历史记录

利用 Shell 命令进行操作时，用户需要多次反复输入相关的命令行，这比较费时且不太方便。为避免用户的重复劳动，Shell 提供历史记录的功能，即直接“调出”刚刚输过的命令，从而简化了 Shell 命令的输入工作。

1. 历史记录简介

Shell 记录一定数量的已执行过的命令，当需要再次执行时，不用再次输入，只需直接调用即可。每个用户的家目录下名为.bash_history 的隐藏文件，用于保存该用户曾执行过的 Shell 命令。每当用户退出系统或关机后，本次操作中使用过的所有 Shell 命令就会追加保存在该文件中。bash 默认最多保存 1000 条历史记录。通过查看环境变量 HISTSIZE 的值可以得知。当然，root 用户可以更改所要保存的历史记录数。用 vi 编辑器打开文件/etc/profile，将变量 HISTSIZE 的值修改为 500 即可。

2. 利用历史记录的方法

利用上下方向箭头可调出已经执行过的 Shell 命令，然后直接按回车键则可执行，而无须再次输入该命令。

还可以利用 history 命令查看 Shell 命令的历史记录，然后调用已执行过的 Shell 命令。

格式：history ［数字］

功能：查看 Shell 命令的历史记录。如果不使用数字参数，则查看 Shell 命令的所有历史记录；如果使用数字参数，则查看最近执行过的指定个数的 Shell 命令。如：

```
[root@localhost~]#history 3
  466  cd/etc/sysconfig/network-scripts/
  467  cd
  468  history 3
```

查看最近执行过的 3 个 Shell 命令。

由上例可知，在每条执行过的 Shell 命令前面有一个编号，反映其在历史记录列表中的序号。

除 history 命令之外，“!”也可以调出已执行过的 Shell 命令。

格式：! 序号

功能：执行指定序号的 Shell 命令，“!”后面也可以接字符串用来调出已执行过的以该字符串开头的 Shell 命令。如：

```
[root@localhost~]#! 460
echo $PS1
[\u@\h \W]\$
```

执行历史记录中序号为 460 的命令“echo $PS1”。

```
[root@localhost~]#! his
history 3
  468  history 3
```

```
469  echo $PS1
470  history 3
```

执行历史记录中最近执行过的以“his”开头的命令“history 3”。

◆ 3.3.3 通配符

Shell 命令中可以使用通配符来同时匹配多个文件以方便操作。Linux 的通配符除了 MS-DOS 中常用的“*”和“?”以外，还包括“[ ]”“－”和“!”组成的字符组模式，能够扩充需要匹配的文件的范围。

通配符“*”代表任意长度的字符串，如“a*”可表示诸如“abc”“about”等以“a”开头的字符串。需要注意的是，通配符“*”不能与“.”开头的文件名(隐藏文件)向匹配。例如，“*”不能匹配到名为“.file”的文件，而必须使用“.*”才能匹配到类似“.file”这样的文件。

通配符“?”代表任何一个字符，如“a?”就可表示诸如“ab”“at”等以“a”开头的并仅有两个字符的字符串。

除了以上两种通配符外，还有字符组通配符“[ ]”“－”和“!”。“[ ]”表示指定的字符范围，“[ ]”内的任意一个字符都用于匹配。“[ ]”内的字符范围可以由直接给出的字符组成，也可以由起始字符、“－”和终止字符组成。例如，“[abc]*”或“[a－c]*”都表示所有以“a”“b”或者“c”开头的字符串。而如果使用“!”，则表示不在此范围之内的其他字符。

通配符在指定一系列文件名时非常有用，例如：

ls *.png	列出所有 PNG 图片文件
ls a?	列出首字母是 a，文件名只有两个字符的所有文件
ls [abc]*	列出首字母是 a、b 或者 c 的所有文件
ls [! abc]*	列出首字母不是 a、b 或者 c 的所有文件
ls [a－z]*	列出首字母是小写字母的所有文件

◆ 3.3.4 别名

别名是按照 Shell 命令标准格式所写命令行的缩写，用以减少输入，方便使用。用户只要输入别名命令，就执行对应的 Shell 命令。alias 命令可用来查看和设置别名。

格式：alias [别名＝‘标准 Shell 命令行’]

功能：查看和设置别名。

1. 查看别名

不带参数的 alias 命令可用来查看用户可使用的所有别名命令以及其对应的标准 Shell 命令。例如：

```
[root@localhost~]#alias
alias cp='cp -i'
alias l.='ls -d .*--color=auto'
alias ll='ls -l--color=auto'
alias ls='ls --color=auto'
alias mv='mv -i'
alias rm='rm -i'
alias which='alias |/usr/bin/which --tty -only--read-alias --show -dot
--show-tilde'
```

别名命令的功能取决于其对应的标准 Shell 命令。例如，在 Shell 命令提示符后输入 ll

命令，将执行 ls －l ——color＝auto 命令，也就是不仅显示文件和子目录的详细信息，还以不同色彩区别不同的文件类型。其中：黑色代表普通文件；蓝色代表目录；绿色代表可执行文件（脚本或命令）；绿底蓝色代表具有所有权限的目录（777）；红色代表压缩文件及 rpm 包；浅蓝色代表链接文件；红底白色代表具有特殊权限的文件（suid）。

上例中的“l.”命令和 ll 命令是系统自定义的别名命令。而 ls 命令和 which 命令不仅是一个标准的 Shell 命令，也是一个别名命令。

Shell 规定：当别名命令与标准 Shell 命令同名时，别名命令优先于标准 Shell 命令执行。也就是说，在 Shell 命令的提示符后输入 ls 命令时，其真正执行的并不是标准的 ls 命令，而是 ls 别名命令，即执行 ls ——color＝auto 命令。如果要使用标准的 Shell 命令，需要在命令名前添加“\”字符，即输入“\ls”命令将执行标准的 ls 命令。

2. 设置别名

使用带参数的 alias 命令可设置用户的别名命令。在设置别名时，“＝”的两边不能有空格，并在标准 Shell 命令行的两端使用单引号。将用户经常使用的命令设置为别名命令将大大提高工作效率。例如：

```
[root@localhost~]#alias if='ifconfig'
```

设置命令 ifconfig 的别名为 if，输入 if 则相当于执行 ifconfig 命令，即显示系统中的网卡信息。

```
[root@localhost~]#if
eth1      Link encap:Ethernet  HWaddr 00:0C:29:E8:CF:FF
          inet addr:192.168.0.1  Bcast:192.168.0.255  Mask:255.255.255.0
          inet6 addr:fe80::20c:29ff:fee8:cfff/64 Scope:Link
          UP BROADCAST MULTICAST  MTU:1500  Metric:1
          RX packets:24665 errors:0 dropped:0 overruns:0 frame:0
          TX packets:1931 errors:0 dropped:0 overruns:0 carrier:0
          collisions:0 txqueuelen:1000
          RX bytes:3954618(3.7 MiB)  TX bytes:247716(241.9 KiB)

lo        Link encap:Local Loopback
          inet addr:127.0.0.1  Mask:255.0.0.0
          inet6 addr:::1/128 Scope:Host
          UP LOOPBACK RUNNING  MTU:16436  Metric:1
          RX packets:124 errors:0 dropped:0 overruns:0 frame:0
          TX packets:124 errors:0 dropped:0 overruns:0 carrier:0
          collisions:0 txqueuelen:0
          RX bytes:11244(10.9 KiB)  TX bytes:11244(10.9 KiB)
```

若想要取消此别名命令，则可执行命令 unalias if。

利用 alias 命令设置的别名命令，其有效期间仅持续到用户退出登录为止。也就是说，用户下一次登录到系统，该别名命令已失效。若希望别名命令在每次登录时都有效，应该将 alias 命令写入用户家目录下的. bashrc 文件中。

在 Linux 系统中，利用命令行方式仅临时生效，要想永久生效（即下次开机生效），则都应将命令写入相应的配置文件中。

3.3.5 去除特殊符号的意义

Linux 系统中有许多符号具有特殊的含义。如！表示取历史记录，$ 表示取变量的值，"(反引号)表示取命令的执行结果，等等。

但在有些情况下，却需要将这些特殊字符按原样输出，即去除特殊符号的意义。这时可以有以下三种方法。

(1) 反斜杠(\)可以将下一个字符按字面处理。如：

```
[root@localhost~]#echo your cost:$5.00
your cost:.00
[root@localhost~]#echo your cost:\$5.00
your cost:$5.00
```

在上例中，$ 符号前若未加\，则表示取变量 5 的值，输出为空；若前面加上\，则表示输入 $ 符号本身，因此得到正确输出。

(2) 单引号(‘’)使任何特殊字符都不转义，原样输出。如：

```
[root@localhost~]#echo'hello!'
hello!
```

此处的！按原样输出。

(3) 双引号(“”)只有以下四种情况下转义：

$(美元符号)——取变量的值；

"(反引号)——命令替换；

\(反斜杠)——单个字符禁止；

！(感叹号)——历史记录替换。

如：

```
[root@localhost~]#echo"hostname is'hostname'"
hostname is localhost.localdomain
```

3.3.6 重定向

Linux 系统中通常利用键盘输入数据，而命令的执行结果和错误信息都输出到屏幕上。也就是说，Linux 的默认标准输入是键盘，标准输出和标准错误输出都是屏幕。

Shell 中不使用系统的标准输入、标准输出和标准错误输出端口，而是重新指定至文件的情况称为重定向。根据输出效果的不同，与输出相关的重定向可分为输出重定向、附加输出重定向和错误输出重定向三种；与输入相关的重定向只有一种，称为输入重定向。

1. 输出重定向

输出重定向就是命令的执行结果不显示在标准输出(屏幕)上，而是保存到某一文件中的操作，利用符号“>”来实现。

```
[user@localhost~]$find/etc-name passwd
find:'/etc/pki/CA/private':Permission denied
find:'/etc/pki/rsyslog':Permission denied
/etc/pam.d/passwd
```

```
find:'/etc/lvm/backup':Permission denied
find:'/etc/lvm/archive':Permission denied
find:'/etc/lvm/cache':Permission denied
find:'/etc/polkit-1/localauthority':Permission denied
find:'/etc/audit':Permission denied
find:'/etc/selinux/targeted/modules/active':Permission denied
find:'/etc/ntp/crypto':Permission denied
find:'/etc/vmware-tools/GuestProxyData/trusted':Permission denied
find:'/etc/cups/ssl':Permission denied
find:'/etc/dhcp':Permission denied
find:'/etc/sudoers.d':Permission denied
find:'/etc/sssd':Permission denied
/etc/passwd
find:'/etc/audisp':Permission denied
```

该命令的执行结果有正确输出也有错误输出，如果使用输出重定向，则将命令执行的正确输出导出到一个文件中，而屏幕上显示的则只有错误输出。

```
[user@localhost~]$find/etc-name passwd>/tmp/find.out
find:'/etc/pki/CA/private':Permission denied
find:'/etc/pki/rsyslog':Permission denied
find:'/etc/lvm/backup':Permission denied
find:'/etc/lvm/archive':Permission denied
find:'/etc/lvm/cache':Permission denied
find:'/etc/polkit -1/localauthority':Permission denied
find:'/etc/audit':Permission denied
find:'/etc/selinux/targeted/modules/active':Permission denied
find:'/etc/ntp/crypto':Permission denied
find:'/etc/vmware-tools/GuestProxyData/trusted':Permission denied
find:'/etc/cups/ssl':Permission denied
find:'/etc/dhcp':Permission denied
find:'/etc/sudoers.d':Permission denied
find:'/etc/sssd':Permission denied
find:'/etc/audisp':Permission denied
```

打开文件/tmp/find. out，则会看到里面的内容为命令执行的正确输出。

```
[user@localhost~]$cat/tmp/find.out
/etc/pam.d/passwd
/etc/passwd
```

2. 附加输出重定向

附加输出重定向的功能与输出重定向基本相同。两者的不同之处在于：附加输出重定向将输出内容追加到原有的内容之后，而不会覆盖其原有内容。利用符号“＞＞”来实现附加输出重定向功能。例如：

```
[user@localhost~]$cat>f1
this is a file named f1
[user@localhost~]$cat f1
this is a file named f1
[user@localhost~]$cat>>f1
append to f1
[user@localhost~]$cat f1
this is a file named f1
append to f1
```

cat 命令可以用于查看文件内容，将之与输出重定向配合使用，则有更加强大的功能。如上例所示，输入命令“cat>f1”，则光标闪烁，等待用户输入内容，输入“this is a file named f1”，当输入完后，按 Ctrl+D 组合键结束输入，查看 f1 的内容，则为刚刚的输入。

若要为文件 f1 再追加一行内容，则需使用附加输出重定向，输入要追加的内容“append to f1”，查看文件内容，则为两次操作所输入的两行内容。

3. 错误输出重定向

Shell 中标准输出与错误输出是两个独立的输出操作。标准输出是输出命令执行的结果，而错误输出是输出命令执行中的错误信息。错误输出也可以进行重定向。利用符号“2>”来实现错误输出重定向功能。

```
[user@localhost~]$find/etc-name passwd 2>/tmp/find.err
/etc/pam.d/passwd
/etc/passwd
```

上例中利用符号“2>”来将错误输出重定向至文件/tmp/find.err 中，而正确输出则显示在屏幕上。

4. 组合输出重定向

若要将正确输出及错误输出都重定向至某一个文件中，而屏幕上不显示任何内容，则可以利用符号“&>”来实现组合输出重定向功能。

```
[user@localhost~]$find/etc-name passwd &>/tmp/find.all
[user@localhost~]$
```

5. 输入重定向

输入重定向跟输出重定向完全相反，是指不从标准输入（键盘）读入数据，而是从文件读入数据，用“<”符号来实现。由于大多数命令都以参数的形式在命令行上指定输入文件，所以输入重定向并不经常使用。

```
[root@localhost~]#tr'A-Z''a-z'<.bash_profile
# .bash_profile

# get the aliases and functions
if [-f~/.bashrc];then
    .~/.bashrc
fi
```

```
#user specific environment and startup programs

path=$path:$home/bin

export path
```

该例表示将/root/.bash_profile文件中的大写字母转换为小写字母，将转换后的内容显示在屏幕上，而文件本身的内容并未改变。

输入重定向功能还可利用符号“<<”用于接收从键盘输入的多行内容。

```
[root@localhost home]#mail-s"please call" jane << END
>Hi Jane
>Please call me
>Thanks!
>END
[root@localhost~]#
```

上例中利用符号“<<”接收从键盘输入的多行内容作为邮件内容发送给用户jane，输入的内容以“END”作为结束。

3.3.7 管道

管道是Shell的另一大特征，其将多个命令前后连接起来形成一个管道流。管道流中的每一条命令都作为一个单独的进程运行，前一命令的输出结果传送到后一命令作为输入，从左到右依次执行每条命令。利用“|”符号实现管道功能。其格式为：

命令1 | 命令2 | 命令3 | … | 命令n

Linux系统综合利用重定向和管道能够完成一些比较复杂的操作，使得命令行具有强大的功能。

```
[root@localhost~]#echo"test email"| mail -s"test"user
[root@localhost~]#
```

将“test email”作为邮件内容发送给用户user。

管道还可以与tee命令结合起来使用，用于将输出重定向至多个目标。常用于在多个管道连接多条命令的情况下，若输出有误，可进行排错。格式为：

命令1 | tee file | 命令2

功能为将命令1的标准输出存储到文件file中，同时再将该输出传送给命令2作为输入。

```
[root@localhost~]#ls -l/etc | tee stage1.out | sort
```

用于以长格式形式显示/etc下的内容，将该输出保存至文件stage1.out，并同时将该输出通过管道传送给命令sort作为输入。

此用户常常出现在脚本中，用于排错。当出现错误时，由于在脚本中不会有输出，因此可以通过文件stage1.out的内容进行查看。

3.4 文本处理工具

Shell提供了许多用于对文本进行操作的命令，这些命令包括提取文本、分析文本和处理文本。

3.4.1 提取文本

用于提取文本的工具主要包括查看文件内容、查看文件摘录、按关键字提取文件及按列或字段提取文本等命令。

1. 查看文件内容

查看文件内容的命令常用的有cat、more和less。其中cat命令通常用来查看短小的文件，不具备翻页功能；而less和more命令具备翻页（即分屏显示）的功能。

1）cat

格式：cat ［选项］ 文件列表

功能：显示文本文件内容。

主要选项说明：－n 表示在每一行前面显示行号。

```
[user@localhost~]$cat -n f1
     1 this is a file named f1
     2 append to f1
```

查看当前目录下f1文件的内容，并在每一行前加行号。

Linux操作系统中与系统设置相关的文件通常都是简单的文本文件，cat命令可以查看文本文件的内容。如果查看其他类型（如BMP等）的文件，则只能看见一些乱码。

使用cat命令查看文本文件时，如果文件较长，文本在屏幕上迅速闪过，用户只能看到文件结尾部分的内容。这就需要使用more或less命令分屏显示文件的内容。

2）more

格式：more 文件

功能：分屏显示文本文件的内容。

输入命令

```
more /etc/passwd
```

则屏幕上显示如下内容：

```
root:x:0:0:root:/root:/bin/bash
bin:x:1:1:bin:/bin:/sbin/nologin
daemon:x:2:2:daemon:/sbin:/sbin/nologin
adm:x:3:4:adm:/var/adm:/sbin/nologin
lp:x:4:7:lp:/var/spool/lpd:/sbin/nologin
sync:x:5:0:sync:/sbin:/bin/sync
shutdown:x:6:0:shutdown:/sbin:/sbin/shutdown
halt:x:7:0:halt:/sbin:/sbin/halt
mail:x:8:12:mail:/var/spool/mail:/sbin/nologin
uucp:x:10:14:uucp:/var/spool/uucp:/sbin/nologin
operator:x:11:0:operator:/root:/sbin/nologin
games:x:12:100:games:/usr/games:/sbin/nologin
gopher:x:13:30:gopher:/var/gopher:/sbin/nologin
```

```
ftp:x:14:50:FTP User:/var/ftp:/sbin/nologin
nobody:x:99:99:Nobody:/:/sbin/nologin
dbus:x:81:81:System message bus:/:/sbin/nologin
usbmuxd:x:113:113:usbmuxd user:/:/sbin/nologin
vcsa:x:69:69:virtual console memory owner:/dev:/sbin/nologin
rpc:x:32:32:Rpcbind Daemon:/var/cache/rpcbind:/sbin/nologin
rtkit:x:499:497:RealtimeKit:/proc:/sbin/nologin
avahi-autoipd:x:170:170:Avahi IPv4LL
Stack:/var/lib/avahi-autoipd:/sbin/nologin
abrt:x:173:173::/etc/abrt:/sbin/nologin
rpcuser:x:29:29:RPC Service User:/var/lib/nfs:/sbin/nologin
--More--(55%)
```

使用 more 命令时，屏幕首先显示第一屏的内容，并在屏幕底部出现"——more——"字样，以及已显示文本占全部文本的百分比。按 Enter 键可显示下一行内容；按 Space 键(空格键)可显示下一屏内容；按 Q 键则退出 more 命令。

3）less

less 命令与 more 命令非常相似，也能分屏显示文本文件的内容。使用 less 命令后，首先显示第一屏的内容，并在屏幕底部出现文件名。用户可使用上下箭头、Enter 键、Space 键前后翻阅文本内容；使用 Q 键退出 less 命令。

```
root:x:0:0:root:/root:/bin/bash
bin:x:1:1:bin:/bin:/sbin/nologin
daemon:x:2:2:daemon:/sbin:/sbin/nologin
adm:x:3:4:adm:/var/adm:/sbin/nologin
lp:x:4:7:lp:/var/spool/lpd:/sbin/nologin
sync:x:5:0:sync:/sbin:/bin/sync
shutdown:x:6:0:shutdown:/sbin:/sbin/shutdown
halt:x:7:0:halt:/sbin:/sbin/halt
mail:x:8:12:mail:/var/spool/mail:/sbin/nologin
uucp:x:10:14:uucp:/var/spool/uucp:/sbin/nologin
operator:x:11:0:operator:/root:/sbin/nologin
games:x:12:100:games:/usr/games:/sbin/nologin
gopher:x:13:30:gopher:/var/gopher:/sbin/nologin
ftp:x:14:50:FTP User:/var/ftp:/sbin/nologin
nobody:x:99:99:Nobody:/:/sbin/nologin
dbus:x:81:81:System message bus:/:/sbin/nologin
usbmuxd:x:113:113:usbmuxd user:/:/sbin/nologin
vcsa:x:69:69:virtual console memory owner:/dev:/sbin/nologin
rpc:x:32:32:Rpcbind Daemon:/var/cache/rpcbind:/sbin/nologin
rtkit:x:499:497:RealtimeKit:/proc:/sbin/nologin
avahi -autoipd:x:170:170:Avahi IPv4LL
```

```
Stack:/var/lib/avahi -autoipd:/sbin/nologin
abrt:x:173:173::/etc/abrt:/sbin/nologin
rpcuser:x:29:29:RPC Service User:/var/lib/nfs:/sbin/nologin
/etc/passwd
```

less 与 more 命令通常与管道一起使用，如 cat/etc/passwd | less 或 cat/etc/passwd | more，用于分屏查看/etc/passwd 文件的内容。

但 less 命令比 more 命令使用起来更方便。less 命令支持前后翻页，而 more 命令只支持向后翻页；less 命令还可以使用"/字符串"的形式进行字符串搜索，按 n 可找到下一个匹配项，按 N 可找到上一个匹配项。

2. 查看文件摘录

用于查看文件摘录的命令包括 head 命令和 tail 命令，意为查看文件头部和查看文件尾部。

1）head

格式：head ［选项］ 文件

功能：显示文本文件的开头部分，默认显示文件的前 10 行。

主要选项说明："－n 数字 "表示指定显示的行数。

```
[root@localhost~]#head -n 3/etc/passwd
root:x:0:0:root:/root:/bin/bash
bin:x:1:1:bin:/bin:/sbin/nologin
daemon:x:2:2:daemon:/sbin:/sbin/nologin
```

2）tail

tail 命令与 head 命令非常相似，用于显示文件的结尾部分，默认显示文件的最后 10 行，也可以接"－n 数字"选项用于显示指定的行数。

```
[root@localhost~]#tail -n 3/etc/passwd
jerry:x:503:503::/home/jerry:/bin/bash
helen:x:504:504::/home/helen:/bin/bash
user:x:508:508::/home/user:/bin/bash
```

tail 命令还可以使用"－f"选项表示"跟进"文件的后续增加，通常用于监控日志文件，便于网络服务的排错处理。

3. 按关键字提取文本

grep 命令按关键字进行文本的提取及过滤出含有某个关键字的行。

grep 命令通常与管道配合使用，常用的选项及含义如下：

－i　忽略大小写

－n　行号显示

－v　反向(非)

^　以…开头

$　以…结尾

－r　以递归方式搜索目录

－AX　包括每个匹配项后的 X 行

－BX　　包括每个匹配项前的X行

－－color 以颜色突出显示匹配项

－w　　精确匹配某个单词

```
[root@localhost~]#ifconfig|grep HWaddr
eth0      Link encap:Ethernet  HWaddr 00:0C:29:E8:CF:FF
```

过滤命令 ifconfig 执行结果中包含 HWaddr 的行。

```
[root@localhost~]#df-h|grep -w/
/dev/sda2       4.0G2.8G  969M  75% /
```

过滤 df－h 命令执行结果中的仅包含单个的“/”字符的行，即过滤出根分区的使用情况。

```
[root@localhost~]#df-h|grep -v/
Filesystem        Size  Used Avail Use% Mounted on
```

过滤掉 df－h 命令执行结果中的包含“/”字符的行，即显示不包含该字符的行。

4. 按列或字段提取文本

按列或字段提取文本的命令常用的包括 cut 与 awk，这两个命令通常与管道配合起来使用。

1）cut

格式：cut　－d 字符　－f 数字　file

功能：提取文件 file 中以某字符为分隔符的某列（或某字段）。其中－d 后面的字符表示分隔符，－f 后面的数字表示提取的列数。

```
[root@localhost~]#cat/etc/passwd|cut -d: -f1,3
root:0
bin:1
daemon:2
adm:3
lp:4
sync:5
```

（略）

显示文件/etc/passwd 中以“：”作为分隔符的第一列和第三列。

cut 命令还可以接－c 选项，表示以字符个数截取。

```
[root@localhost~]#cut -c1 -3/etc/passwd
roo
bin
dae
adm
```

（略）

表示截取/etc/passwd 文件中第1～3个字符。

2）awk

awk 命令与 cut 命令很相似，也按指定的分隔符进行截取。awk 命令默认以空格为分隔符，且不管有多少空格符都算一个，而 cut 命令则需严格规定空格个数。

```
[root@localhost~]#ifconfig|grep HWaddr
eth0      Link encap:Ethernet   HWaddr 00:0C:29:E8:CF:FF
[root@localhost~]#ifconfig|grep HWaddr|awk'{print $5}'
00:0C:29:E8:CF:FF
```

在上例中，若要截取 MAC 地址，先用 grep 命令截取含有 MAC 地址的行，这一行中的字段以空格为分隔符，但空格个数不一致，因此不能用 cut 命令，而要用 awk 命令，截取第 5 列。$5 表示第 5 列，$NF 则表示倒数第 1 列。

3.4.2 分析文本

用于分析文本的工具包括文本统计信息命令 wc、文本排序命令 sort。

1. 统计文本信息

wc 命令可用来对文本信息进行统计。

格式：wc [选项] 文件

功能：显示文本文件的行数、字数和字符数。

主要选项说明：

—c　　仅显示文件的字节数

—l　　仅显示文件的行数

—w　　仅显示文件的单词数

```
[root@localhost~]#wc/etc/passwd
  38   57 1769/etc/passwd
```

wc 命令依次显示文件的行数、单词数、字节数及文件名。

2. 排序命令

sort 命令可用来对文件进行排序，排序后的结果显示在屏幕上，不改变原文件，默认按照 ASCII 码值从小到大进行排序。

格式：sort [选项] 文件列表

功能：对文件进行排序与合并。

主要选项说明：

—r　　反向排序

—n　　按数字大小排序

—f　　忽略大小写

—u　　去除重复行

—tc　　用 c 作为分隔符

—kX　　第 X 列

```
[root@localhost~]#ls -l | sort -n -r -k 5
drwxr-xr-x.  2 root root 4096 Oct  9 20:01 Videos
drwxr-xr-x.  2 root root 4096 Oct  9 20:01 Templates
drwxr-xr-x.  2 root root 4096 Oct  9 20:01 Public
drwxr-xr-x.  2 root root 4096 Oct  9 20:01 Pictures
```

```
drwxr-xr-x.  2 root root 4096 Oct  9 20:01 Music
drwxr-xr-x.  2 root root 4096 Oct  9 20:01 Downloads
drwxr-xr-x.  2 root root 4096 Oct  9 20:01 Documents
drwxr-xr-x.  2 root root 4096 Mar 10 08:27 Desktop
drwxr-xr-x.  2 root root 4096 Dec 23 19:19 bin
drwxr-xr-x.  18 root root 4096 Nov 28 20:17 etc
-rw-------. 1 root root  197 Dec 30 13:15 dead.letter
total 44
```

把当前目录下的所有文件按文件大小由大到小进行排序。

```
[root@localhost~]#sort-t:-k 3-n/etc/passwd
root:x:0:0:root:/root:/bin/bash
bin:x:1:1:bin:/bin:/sbin/nologin
daemon:x:2:2:daemon:/sbin:/sbin/nologin
adm:x:3:4:adm:/var/adm:/sbin/nologin
lp:x:4:7:lp:/var/spool/lpd:/sbin/nologin
sync:x:5:0:sync:/sbin:/bin/sync
```

（略）

将文件/etc/passwd按以“:”为分隔符的第3列作为关键字进行排序，且按数字大小从小到大排，即按uid进行排序。

3.4.3 处理文本

用于处理文本的命令包括tr转换字符命令及sed查找替换命令。

1. 转换字符

tr命令表示转换字符，即将一个字符集中的字符转换为另一个字符集中的相对字符，不改变原文件。

```
[root@localhost~]#cat .bash_profile | tr'A-Z''a-z'
#.bash_profile

#get the aliases and functions
if[ -f~/.bashrc];then
    .~/.bashrc
fi

#user specific environment and startup programs

path=$path:$home/bin

export path
```

2. 查找替换

更改字符串sed命令（即stream editor的缩写）用于对文本流进行查找替换操作，不改变原文件。例如创建一个名为pets的文件，内容如下：

```
dogcatdogcatcat
catcatdogcatdogdog
dogcatcatlinuxdog
catcatcatdogdogwindows
dogdogcatdogcatdog
```

（1）替换 pets 文件中每一行中的第一个 dog 为 cat。

```
[root@localhost~]#sed's/dog/cat/' pets
catcatdogcatcat
catcatcatcatdogdog
catcatcatlinuxdog
catcatcatcatdogwindows
catdogcatdogcatdog
```

（2）替换 pets 文件中所有的 dog 为 cat。

```
[root@localhost~]#sed's/dog/cat/g' pets
catcatcatcatcat
catcatcatcatcatcat
catcatcatlinuxcat
catcatcatcatcatwindows
catcatcatcatcatcat
```

“g”表示全局替换。

（3）替换 pets 文件中以 linux 开头以 windows 结尾的范围内的 dog 为 cat。

```
[root@localhost~]#sed'/linux/,/windows/s/dog/cat/g' pets
dogcatdogcatcat
catcatdogcatdogdog
catcatcatlinuxcat
catcatcatcatcatwindows
dogdogcatdogcatdog
```

此外，若要替换 1 至 3 行范围内的，则命令为：

```
sed '1,3s/dog/cat/g' pets
```

sed 命令默认不改变原文件，若需要改变原文件，且需要将原文件备份一份，则可用如下命令：

```
sed-i.bak's/dog/cat/g' pets
```

将原文件备份为 pets. bak，而 pets 文件则为内容替换后的文件。

3.5 vi 编辑器

vi 是 Linux 和 UNIX 中最经典的文本编辑器，几乎所有的 Linux/UNIX 发行版本都提供这一编辑器。

vi 是全屏幕文本编辑器，只能编辑字符，不能对字体、段落等进行排版。vi 没有菜单，只有命令，而且命令繁多。虽然 vi 的操作方式与其他常用的文本编辑器很不相同，但是由于其运行于字符界面，并可用于所有 UNIX/Linux 环境，因此目前仍然广泛应用。

◆ 3.5.1 vi 的三种工作模式

vi 有三种工作模式:命令模式、文本编辑模式和底行模式。不同的工作模式下的操作方法有所不同。

1. 命令模式

命令模式是启动 vi 后进入的工作模式,它可转化为文本编辑模式和底行模式。在命令模式下,从键盘上输入的任何字符都被当作编辑命令来解释,而不会在屏幕上显示。如果输入的字符是合法的 vi 命令,那么 vi 完成相应的操作;否则 vi 会响铃警告。

2. 文本编辑模式

文本编辑模式用于字符编辑。在命令模式下,输入 i(插入命令 insert)、a(附加命令 append)等命令后进入文本编辑模式。此时输入的任何字符都被 vi 当作文件内容显示在屏幕上。按 Esc 键从文本编辑模式返回命令模式。

3. 底行模式

在命令模式下按":"键进入底行模式,此时屏幕底部出现":"作为底行模式的提示符,等待用户输入相关命令。命令执行完毕后,vi 自动回到命令模式。

vi 的三种工作模式之间的相互转换关系如图 3-1 所示。

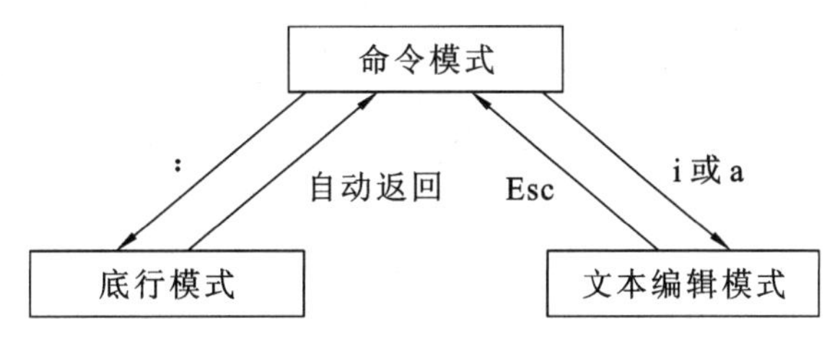

图 3-1 vi 的三种工作模式

vi 编辑器中无论是命令还是输入内容都使用字母键。例如,按字母键 i 在文本编辑模式下表示输入"i"字母,而在命令模式下则表示将工作模式转换为文本编辑模式。

◆ 3.5.2 启动 vi

启动 vi 编辑器的命令格式是:vim 文件名。

如果不指定文件,则新建一个文本文件,而在退出 vi 时必须指定文件名。如果启动 vi 时指定文件,则新建指定文件或者打开指定文件。

输入"vim file"命令,打开已有的 file 文件,屏幕显示如下所示。此时 vi 处于命令模式,正在等待用户输入命令。此时输入的字母都将作为命令来解释。

```
hello!
can you help me?
~
~
~
~
```

```
~
~
~
~
~
~
~
~
~
~
~
~
~
~
~
~
"file"2L,24C                                      2,1          All
```

vi 编辑器的界面可分为两部分：编辑区和状态/命令区。状态/命令区在屏幕的最下面一行，用于输入命令，或者显示当前正在编辑的文件的名称、状态、行数和字符数。其他区域都是编辑区，用于进行文本编辑。如上例所示，状态/命令区显示正在编辑的文件名为 file，共有 2 行 24 个字符。

3.5.3 编辑文件

1. 输入文本

要输入文本必须首先将工作模式转换为文本编辑模式，在命令模式下输入 i、I、a、A、o、O 命令中的任意一个即可。此时在状态/命令区出现“———INSERT———”字样，代表进入文本编辑模式，可以输入文本了。

i　　从当前的光标位置开始输入字符

I　　光标移动到当前行的行首，开始输入字符

a　　从当前的光标的下一个位置开始输入字符

A　　光标移动到当前行

o　　在光标所在行之下新增一行

O　　在光标所在行之上新增一行

在文本编辑模式下可输入文本内容，使用上、下、左、右箭头移动光标，使用 Delete 键和 Backspace 键删除字符，按 Esc 键回到命令模式。

2. 查找字符串

在命令模式下输入以下命令可查找指定的字符串。

/字符串　　按/键，状态/命令区出现“/”字样，继续输入要查找的内容，按 Enter 键。vi 将从光标的当前位置开始向文件尾查找。若找到，光标停留在该字符串的

首字母上

? 字符串　按? 键,状态/命令区出现"?"字样,继续输入要查找的内容,按 Enter 键。vi 将从光标的当前位置开始向文件头查找。若找到,光标停留在该字符串的首字母上

n　继续查看满足条件的字符串

N　改变查找的方向,继续查找满足条件的字符串

G　光标跳至文本最末尾

gg　光标跳至文本最开头

3. 撤销与重复

在命令模式下输入以下命令可撤销或重复编辑工作。

u　按 u 键将撤销上一步操作

.　按. 键将重复上一步操作

4. 复制与剪切

在命令模式下输入以下命令可以删除、复制、剪切文本。

dd　删除光标所在的行

yy　复制光标所在的行

p(小写)　与 dd 或 yy 配合使用,将剪切或复制的内容粘贴至当前行的下面

P(大写)　与 dd 或 yy 配合使用,将剪切或复制的内容粘贴至当前行的上面

5. 文本块操作

在底行模式下可对多行文本(文本块)进行复制、移动、删除和字符串替换等操作。

:set nu　显示行号

:set nonu　取消行号

:500　光标跳至第 500 行

:n1,n2 co n3　将从 n1 行到 n2 行之间(包括 n1、n2 行本身)的所有文本复制到第 n3 行之下

:n1,n2 m n3　将从 n1 行到 n2 行之间(包括 n1、n2 行本身)的所有文本移动到第 n3 行之下

:n1,n2 d　删除从 n1 行到 n2 行之间(包括 n1、n2 行本身)的所有文本

:n1,n2 s/字符串 1/字符串 2/g　将 n1 行到 n2 行之间(包括 n1、n2 行本身)所有的字符串 1 用字符串 2 替换

3.5.4 保存与退出

与文件处理相关的命令,大多在底行模式下才能执行。常用的底行命令有:

:w 文件　保存为指定的文件

:q　退出 vi,如果文件内容有改动,将出现提示信息,使用下面两个命令才能退出 vi

:q!　不保存文件,直接退出 vi

:w　保存文件

:wq	保存并退出 vi
:x	保存并退出 vi,提示输入密码

本章小结

本章主要介绍了 Linux 系统的 Shell 及基本操作命令。

Shell 具备双重身份,一是命令解释器,它能解释并处理用户在系统提示符后输入的命令,并将命令运行的结果返回给用户;二是一种程序设计语言。

Shell 种类繁多,常见的有 Bourne Shell、C Shell、Korn Shell、Bourne Again Shell (bash)等。其中 bash 为 Linux 默认的 Shell。

Shell 命令有很多,本章介绍了几个简单常用的 Shell 命令,包括 pwd、cd、ls、date、cal、who、clear。常见的 bash 变量有 PS1、HISTSZIE、PATH、USER、HOME、EUID 等。

Linux 系统除了提供丰富的 Shell 命令外,同时也提供强大的 Shell 高级操作的扩展功能,这样不仅为用户提供了方便,同时也丰富了 Shell 的功能。这些扩展功能包括自动补齐、历史记录、通配符、别名、去除特殊符号的意义、重定向及管道等。

Shell 提供了许多用于对文本进行操作的命令,这些命令包括提取文本命令 cat、less、more、head、tail、grep、cut、awk 等;分析文件命令 wc、sort 等和处理文本命令 tr 和 sed。

vi 是 Linux 和 UNIX 中最经典的文本编辑器,几乎所有的 Linux/UNIX 发行版本都提供这一编辑器。

vi 有三种工作模式:命令模式、文本编辑模式及底行模式。本章介绍了 vi 的基本用法及一些使用技巧。

习题

1. 选择题

(1) Shell 命令行的命令名与选项及参数之间用什么符号作为分隔符? ( )

A. ! B. 空格 C. % D. ,

(2) 如何以长格式形式显示当前目录下的内容? ( )

A. ls B. ls -a C. ls -la D. ls -l

(3) 如何快速切换至用户 jerry 的家目录? ( )

A. cd B. cd - C. cd~jerry D. cd ..

(4) pwd 命令的功能是什么? ( )

A. 设置用户密码 B. 显示用户密码

C. 查看当前目录下的文件 D. 显示当前目录的绝对路径

(5) 能将系统时间修改为2015年10月20日8时55分的命令是哪个? ( )

A. date 1020085515　　B. date 1410200855

C. date 0855102015　　D. date 201510200855

(6) 输入命令"cd —",然后按Enter键,将有什么结果? ( )

A. 当前目录切换为根目录　　B. 目录不变,屏幕显示当前目录信息

C. 当前目录切换为用户家目录　　D. 当前目录切换为上一级目录

(7) "ls ——color"命令可用颜色来区别不同类型的文件,此时目录显示为什么颜色? ( )

A. 红色　　B. 白色　　C. 蓝色　　D. 绿色

(8) Linux中默认的Shell是什么? ( )

A. bash　　B. K Shell　　C. C Shell　　D. B Shell

(9) ls命令的哪个选项可以显示子目录下的所有文件? ( )

A. -R　　B. -a　　C. -l　　D. -d

(10) clear命令的功能是什么? ( )

A. 打开终端窗口　　B. 关闭终端窗口

C. 调整窗口大小　　D. 清除终端窗口

(11) 表示历史记录数的环境变量是哪个? ( )

A. HISTORY　　B. HISTSIZE　　C. HISTORYSIZE　　D. HISIZE

(12) 以下命令中哪个表示引用变量A的值? ( )

A. $(A)　　B. 'A'　　C. ! A　　D. $A

(13) 为了统计文本文件的行数,可以在wc命令中使用以下哪个选项? ( )

A. -w　　B. -l　　C. -c　　D. -n

(14) 想了解命令cat的用法,以下哪个命令可以得到帮助? ( )

A. cat ——help　　B. help cat　　C. cat ——man　　D. cat/?

(15) 查看目录/root的详细信息,应使用以下哪个命令? ( )

A. ls -l /root　　B. ls -d /root

C. ls /root　　D. ls -ld /root

(16) head命令中表示输出文件前6行内容的参数是哪个? ( )

A. -n 6　　B. -c 6　　C. -l 6　　D. -q 6

(17) tail命令哪个选项表示对文件新增内容进行"跟进"? ( )

A. -n　　B. -c　　C. -f　　D. -q

(18) 用户的历史记录保存在哪个文件中? ( )

A. .bashrc　　B. .bash_history

C. history　　D. .bah_profile

(19) 哪个键可以自动补齐命令名或文件名? ( )

A. Tab　　B. Enter　　C. Space　　D. Esc

（20）vi 编辑器中，在命令模式下能使光标迅速跳至文档末尾的是哪个命令？（　　）

A. gg　　B. G　　C. yy　　D. dd

2. 简答题

（1）vi 编辑器有哪几种工作模式？如何在这几种模式之间转换？

（2）PATH 变量有什么作用？如何得到 PATH 的值？

第 4 章 用户、组和权限

用户和组是 Linux 系统管理的基础，是系统管理员必须掌握的重要内容。本章首先介绍用户的基本概念、与用户相关的文件及用户管理的 Shell 命令；然后介绍组的基本概念、与组相关的文件及组管理的 Shell 命令；最后介绍 Linux 文件安全性，即权限。

4.1 用户

Linux 系统是一个多用户操作系统，从本机或远程登录的多个用户能共同使用同一计算机，同时访问同一外围设备。不同用户对于相同自由拥有不同的使用权限。Linux 将同一类型的用户归于一个组，可利用组权限来控制组中用户的权限。Linux 系统进行用户和组管理的目的在于保证系统中数据与文件的安全。

4.1.1 用户概念

无论是从本地还是从远程登录 Linux 系统，用户都必须拥有用户账号，并设置密码。登录时系统检验输入的用户名和密码。只有当该用户名已存在，且密码与用户名匹配时，用户才能登录到 Linux 系统。系统还会根据用户的默认配置建立用户的工作环境。

Linux 系统中的用户可分为三大类：超级用户、系统用户和普通用户。

(1) 超级用户：又称为系统管理员、root 用户或根用户，拥有系统的最高权限。

(2) 系统用户：与系统服务相关的用户，通常在安装相关软件包时自动创建，一般不需要改变其默认设置。

(3) 普通用户：是在系统安装后由超级用户所创建的，普通用户的权限相当有限，只能对其拥有权限的文件和目录进行操作，只能管理自己启动的进程。

4.1.2 与用户相关的文件

1. 用户账号信息文件/etc/passwd

/etc/passwd 文件为用户数据库文件，保存除密码之外的用户账号信息。所有用户都可以查看/etc/passwd 文件的内容。某/etc/passwd 文件内容如下：

```
root:x:0:0:root:/root:/bin/bash
bin:x:1:1:bin:/bin:/sbin/nologin
daemon:x:2:2:daemon:/sbin:/sbin/nologin
...
user:x:500:500:user:/home/user:/bin/bash
```

passwd 文件中每行代表一个用户账号，而每个用户账号的信息又用“:”划分为 7 个字段来表示用户的属性信息。passwd 文件中各个字段从左到右依次为：用户名、密码、UID、GID、用户全名、家目录和登录 Shell。其中，密码字段的内容总是以“x”来填充，加密后的密码保存在/etc/shadow 文件中。下面依次介绍这 7 个字段的含义。

(1) 用户名：登录时使用的名字，必须是唯一的，可由字母、数字和符号组成。

(2) 密码：此处显示为“x”表示该用户设置了密码；如果未设置密码，则该项为空。

(3) UID：用户 ID，是系统为每个用户所设置的唯一识别号码。超级用户的 UID 默认为 0，1～499 默认为系统用户专用 UID，500 及以上 UID 作为普通用户的 UID。安装完成后所创建的第一个普通用户的 UID 为 500，第二个普通用户的 UID 为 501，并依此类推。

(4) GID：组 ID，每个用户至少属于一个组。组 ID 是 Linux 中每个组都拥有的唯一识别号码。和 UID 类似，超级用户所属组的 GID 默认为 0，1～499 默认为系统组专用 GID，500 及以上 GID 作为私人组的 GID。安装完成后所创建的第一个私人组的 GID 为 500，第二个私人组的 GID 为 501，并依此类推。

(5) 用户全名：用户的全称，是用户账号的附加信息，可以为空。

(6) 家目录：专属于用户的目录，用于保存该用户的私有文件。用户登录系统后默认位于自己的家目录，且对此目录具有完全控制权限。默认情况下，超级用户 root 的家目录为/root，而普通用户的家目录为/home 下与用户名同名的目录，如 jerry 用户的家目录为/home/jerry。

(7) 登录 Shell：登录 Linux 系统后自动进入的 Shell 环境。Linux 中默认使用 bash，用户一般不需要修改。root 与普通用户为可登录用户，所以登录 Shell 为/bin/bash；而系统用户为不可登录 Shell，所以此处为/sbin/nologin。

2. 用户密码信息文件/etc/shadow

/etc/shadow 文件根据/etc/passwd 文件而产生，只有超级用户才能查看其内容。为进一步提高安全性，在 shadow 文件中保留的是采用 SHA 512 安全散列算法加密的密码。由于 SHA 算法是一种单向算法，理论上认为密码无法破解。某/etc/shadow 文件的内容如下：

```
root:$6nXaHTaRgf8vk.oG0$TxwVYqnwyz2FEm9h.VjVIUML9G77JBrvlfVRd4htM.YPwR
d0o1cBoGsCRyaTNPT3e6r8eQse8wI/dRiopYVxyl:16717:0:99999:7:::
…
user:$6$eIRjvk9fK3NI7hRZ$qMS.VcWcel3ewUTRLWAntEB4F4X8PZ06wd/uagyFt099K2
B7AlwWc9H0xAiPk.oYDy7XTzDiLhursmtlqvoFs/:16717:0:99999:7:::
```

与 passwd 文件类似，shadow 文件中每行也代表一个用户账号，而每个用户账号的信息也用“:”划分为多个字段来表示用户的属性信息。shadow 文件的各字段的含义如表 4-1 所示。

表 4-1 shadow 文件中各字段的含义

位置	含义
1	用户名，其排列顺序与/etc/passwd 文件保持一致
2	加密密码。如果是“!!”，则表示这个账号无密码，不能登录。部分系统用户账号无密码
3	从 1970 年 1 月 1 日起到上次修改密码日期的间隔天数。对于无密码的账号而言，是指从 1970 年 1 月 1 日起到创建该用户账号的间隔天数

续表

位　置	含　　义
4	密码自上次修改后，要隔多少天才能再次修改。若为0，则表示没有时间限制
5	密码自上次修改后，多少天之内必须再次修改。若为99999，则表示用户密码未设置为必须修改
6	若密码已设置时间限制，则在过期多少天前向用户发送警告信息，默认为7天
7	若密码设置为必须修改，而到达期限后仍未修改，系统将推迟关闭账号的天数
8	从1970年1月1日起到用户账号到期的间隔天数
9	保留字段未使用

4.1.3　用户管理命令

常用的用户管理命令包括创建用户、设置密码、删除用户及锁定用户等。

1. useradd

格式：useradd　[选项]　用户名

功能：创建用户账号，只有超级用户才能使用此命令。

主要选项说明：

-c	全名	指定用户的全称，即用户的描述信息
-d	家目录	指定用户的家目录
-e	有效期限	指定用户账号的有效期限
-f	缓冲天数	指定密码过期后多久将关闭此账号
-g	GID|组名	指定用户所属的初始组
-G	GID|组名	指定用户所属的附加组
-s	登录 Shell	指定用户的登录 Shell
-u	UID	指定用户 UID

例如：

```
[root@localhost~]# useradd user1
```

不使用任何命令选项时，将按照系统默认值新建用户。该例将创建用户 user1，当执行 useradd 命令创建用户时，系统会同时完成以下几件事：创建用户 user1；创建组 user1；将用户 user1 加入组 user1；创建用户家目录/home/user1；创建用户邮箱/var/spool/mail/user1。

```
[root@localhost~]# useradd -u 510 user10
```

新建用户时如果指明其 UID，则将指定的 UID 分配给用户，否则系统自动按顺序进行分配。上例中指定 user10 用户的 UID 为 510。

2. passwd

格式：passwd　[选项]　[用户]

功能：设置或修改密码以及密码属性。

主要选项说明：

-d	用户名	删除用户的密码，则该用户账号无须密码即可登录系统
-l	用户名	暂时锁定指定的用户账号

－u　用户名　　解除指定用户账号的锁定

－S　用户名　　显示指定用户账号的状态

1）设置与修改密码

超级用户使用 useradd 命令新建用户账号后，还必须使用 passwd 命令为用户设置初始密码，否则此用户账号将被禁止登录。普通用户以此初始密码登录后可自行修改密码。

```
[root@localhost~]# passwd user1
Changing password for user user1.
New password:
BAD PASSWORD:it is based on a dictionary word
BAD PASSWORD:is too simple
Retype new password:
passwd:all authentication tokens updated successfully.
```

Linux 系统安全性要求较高，如果密码少于 6 位、字符过于规律、字符重复性太高或者是英文单词，系统都将出现提示信息，提醒用户密码不符合要求。合格的密码应当由字母、数字和符号混合编排，且长度超过 6 位。

上例为设置 user1 用户的初始密码。输入密码为“redhat”，提示密码过于简单，如果不进行更改，再次输入“redhat”，则显示设置密码成功。

Linux 中超级用户可以修改所有用户的密码，并且不需要先输入其原来的密码。普通用户使用 passwd 命令修改密码时不能使用参数，只能修改用户自己的密码并必须先输入原来的密码。

2）删除密码

超级用户可删除用户的密码，该用户账号无须密码即可登录。

```
[root@localhost~]# passwd -d user
Removing password for user user.
passwd:Success
```

user 用户登录系统时不需要输入密码。此时，查看/etc/shadow 文件会发现该用户账号所在行的密码字段为空。超级用户或 user 用户可利用 passwd 命令重新设置密码。

若要删除用户密码，超级用户除了使用 passwd 命令以外，还可以直接编辑/etc/passwd 文件，清除指定用户账号密码字段的内容即可。

3）锁定与解锁用户账号

实际工作中，用户因放假、出差等原因短期内不使用系统时，此时考虑到系统的安全性，系统管理员应将该用户账号锁定。用户账号一旦被锁定，必须解锁后方可再次使用。

```
[root@localhost~]# passwd -l user
Locking password for user user.
passwd:Success
```

上例表示锁定 user 用户账号。当账号锁定后，user 用户登录系统时，即使输入正确的密码，屏幕仍然会显示 Login incorrent（登录出错）信息。当账号锁定后，在/etc/shadow 文件中该用户的密码字段前会多出一个“!”。

```
[root@localhost~]# passwd -u user
Unlocking password for user user.
passwd:Success
```

解除用户账号 user 的锁定。

3. usermod

格式:usermod [选项] 用户名

功能:修改用户的属性。只有超级用户才能使用此命令,且需要修改属性的用户当前未登录。

主要选项说明:

-c	全名	指定用户的全名及用户的描述信息
-d	家目录	指定用户的家目录
-e	有效期限	指定用户账号的有效期限
-f	缓冲天数	指定密码过期后多久将关闭此账号
-g	GID|组名	指定用户所属的初始组
-G	GID|组名	指定用户所属的附加组
-s	登录 Shell	指定用户的登录 Shell
-u	UID	指定用户 UID
-l	用户名	指定用户的新名称
-L		锁定用户账号
-U		解锁用户账号

usermod 命令可使用的选项跟 useradd 命令基本相同,不同之处在于 usermod 命令可以修改用户名,可以锁定用户账号及解锁,这个功能与 passwd 命令相同。

执行 usermod 命令将修改/etc/passwd、/etc/shadow、/etc/group 和/etc/gshadow 等文件的相关信息。

```
[root@localhost~]# usermod -l tommy tom
```

原来名为 tom 的用户被改名为 tommy,而用户的其他信息没有变化,即 tommy 用户的家目录仍然是/home/tom,所属的组、登录 Shell 及 UID 等都未改变。

```
[root@localhost~]# usermod -d/var/www/html user
```

改变用户 user 的家目录为/var/www/html,则登录用户 user 自动进入到/var/www/html 目录下。

```
[root@localhost~]# usermod -c "www users" user
```

改变用户 user 的描述信息,在/etc/passwd 文件中的第五个字段的内容将显示为"www users"。

```
[root@localhost~]# usermod -s/sbin/nologin user
```

改变用户的登录 Shell 类型为非登录,即不允许 user 用户交互式登录,可采用某种服务登录,而不能主机登录。系统中的系统用户的 Shell 类型都为/sbin/nologin。

4. userdel

格式:userdel [-r] 用户名

功能:删除指定的用户账号,只有超级用户才能使用此命令。

选项说明：使用“－r”选项，系统不仅将删除此用户账号，并且还将用户的家目录及邮箱一并删除，即抹掉了该用户在系统中的所有痕迹。如果不使用“－r”选项，则仅删除此用户账号，删除不彻底。

```
[root@localhost~]# userdel -r user11
```

彻底删除用户 user11。由于在新建该用户的同时也新建了一个组，名为 user11，若该组中只有 user11 一个用户，则使用上述命令删除 user11 用户时，该 user11 组也一并删除。正在使用系统的用户不能被删除，必须退出登录才行。

5. su

格式：su [－] [用户名]

功能：切换用户身份。无用户名参数时，即切换为超级用户。超级用户可以切换为任何普通用户，而且不需要输入密码。普通用户切换为其他用户时需要输入被切换用户的密码。切换为其他用户之后就拥有该用户的权限。使用 exit 命令可返回到原来的用户身份。

选项说明：“－”选项，表示切换时采用新用户的环境变量，即完全切换。

```
[jerry@localhost~]$su jane
Password:
[jane@localhost jerry]$
```

将当前用户 jerry 切换为用户 jane，未使用命令选项“－”，则用户的环境变量未发生变化。从 Shell 命令提示符可知，虽然切换后当前用户是 jane，但当前的工作目录仍然是/home/jerry，为不完全切换。

```
[jerry@localhost~]$su-
Password:
[root@localhost~]#
```

普通用户 jerry 切换为超级用户，并使用超级用户的环境变量，为完全切换。

命令“su－”和“su－root”作用相同，均为从普通用户切换为超级用户，需要输入超级用户的密码。从 Shell 命令提示符可知，切换后当前用户为 root，且当前工作目录也已切换为/root。

为保证系统安全，Linux 的系统管理员通常以普通用户身份登录，当要执行超级用户权限的操作时，才使用“su－”命令切换为超级用户，执行完成后使用 exit 命令回到普通用户身份。

6. id

格式：id [用户名]

功能：查看用户的 UID、GID 和用户所属组的信息。不指定用户名，则显示当前用户的相关信息。

```
[root@localhost~]# id jerry
uid=503(jerry) gid=505(helen) groups=505(helen),502(jane)
```

由此可知，普通用户 jerry 的 UID 为 503，其所属组为 helen(GID 为 505)，附加组为 jane (GID 为 502)。

4.2 组

4.2.1 组的概念

Linux 将具有相同特性的用户划归为一个组，可以大大简化用户的管理，方便用户之间文件的共享。任何一个用户都至少属于一个组，这个组称为初始组，并且可以同时属于多个附加组。用户不仅拥有其初始组的权限，还同时拥有其附加组的权限。

组按照其性质分为超级组、系统组和私人组。

超级组：超级用户所处的组。

系统组：安装系统服务程序时自动创建的组。

私人组：安装完成后，由超级用户新建的组。

每个组都有如下属性信息。

组名：组的名称，由数字、字母和符号组成。

组 ID(GID)：用于识别不同组的唯一数字标识。

组密码：默认情况下，组无密码，必须进行一定操作才能设置组密码。

用户列表：组的所有用户，用户之间用“,”分隔。

4.2.2 与组相关的文件

1. 组账号信息文件/etc/group

/etc/group 文件保存组账号的信息，所有用户都可以查看其内容。group 文件中的每行内容表示一个组的信息，各字段之间用“:”分隔。某/etc/group 文件的内容如下：

```
root:x:0:
bin:x:1:bin,daemon
daemon:2:bin,daemon
…
user1:x:500:
```

group 文件的各字段从左到右依次为组名、组密码、GID 及以此组为附加组的用户列表，其中密码字段总为“x”。

2. 组密码信息文件/etc/gshadow

/etc/gshadow 文件根据/etc/group 文件而产生，主要用于保存加密的组密码，只有超级用户才能查看其内容。某/etc/gshadow 文件的内容如下：

```
root:::
bin:::bin,daemon
daemon:::bin,daemon
…
user1:!::
```

gshadow 文件的各字段从左到右依次为组名、组加密密码、组管理员及以该组为附加组的用户列表，其中加密字段为“!”表示无密码。

◆ 4.2.3 组管理命令

1. groupadd

格式：groupadd ［选项］ 组名

功能：新建组，只有超级用户才能使用此命令。

主要选项说明：

－g GID 指定组的 GID

```
[root@localhost~]# groupadd it
```

新建一个组，组名为 it。

利用 groupadd 命令新建组时，如果不指定 GID，则其 GID 由系统自动分配。执行 groupadd 命令后，/etc/group 和/etc/gshadow 文件中将新增加一行记录。

2. groupmod

格式：groupmod ［选项］ 组名

功能：修改指定组的属性，只有超级用户才能使用该命令。

主要选项说明：

－g GID 指定组的 GID

－n 组名 指定组的新名字

```
[root@localhost~]# groupmod -n staff it
```

修改组 it 的名字为 staff。

3. groupdel

格式：groupdel 组名

功能：删除指定的组，只有超级用户才能使用该命令。在删除指定组之前必须确保该组不是任何用户的初始组，否则必须删除那些以此组作为初始组的用户才行。

```
[root@localhost~]# groupdel staff
```

删除组 staff。

4. 改变用户所属组的命令

前面讲过的 usermod 命令可以用来更改某用户所属的组。

```
[root@localhost~]# usermod -g jerry jane
```

将用户 jane 的初始组改为 jerry，jane 的初始组默认为 jane。此时使用 id 命令可以查看到用户 jane 的信息如下：

```
[root@localhost~]# id jane
uid=502(jane) gid=504(jerry) groups=504(jerry)
[root@localhost~]# usermod -G tom jane
[root@localhost~]# id jane
uid=502(jane) gid=504(jerry) groups=504(jerry),503(tom)
```

以上例子表示将用户 jane 加入组 tom 中，即 tom 为用户 jane 的附加组，并通过 id 命令可以查看到用户 jane 的初始组为 jerry，附加组为 tom，若要使用用户 jane 再加入一个组 helen，则采用“－aG”选项，“－a”选项表示附加，如下例所示：

```
[root@localhost~]# usermod -aG helen jane
[root@localhost~]# id jane
uid=502(jane) gid=504(jerry) groups=504(jerry),503(tom),505(helen)
```

4.3 Linux 文件安全性

4.3.1 文件权限

为了保证系统安全，Linux 采用比较复杂的文件权限管理机制。Linux 中文件权限取决于文件拥有人、文件拥有组，以及文件拥有人、拥有组和其他人各自的访问权限。

1. 访问权限

每个文件和目录都具有以下 3 种访问权限，3 种权限之间相互独立。

读权限 r(read)：对文件而言是读取文件内容的权限；对目录而言是列出目录下所包含的内容的权限。

写权限 w(write)：对文件而言是修改文件内容的权限；对目录而言是在目录下创建及删除文件的权限。

执行权限 x(execute)：对可执行文件而言是允许执行该文件的权限；对目录而言是进入目录的权限。

注意这三种权限对于文件和对于目录的含义是不同的。

2. 与文件权限相关的用户分类

文件权限与用户和组密切相关，以下 3 类用户的访问权限相互独立。

文件拥有人(user)：建立文件的用户。

文件拥有组(group)：文件所属组中的所有用户。

其他人(other)：既不是文件拥有人，也不是文件拥有组的其他所有用户。

超级用户负责整个系统的管理和维护，拥有系统中所有文件的全部访问权限。

3. 文件权限的表示法

文件权限的表示法分为两种：符号表示法和数值表示法。这两种方法各自适用于不同的应用场合。

1）符号表示法

Linux 系统中每个文件的访问权限均用分为三组的 9 个字母表示，利用“ls －l”命令可以列出某个目录下每个文件的权限；若要查看某一个文件的权限，则用“ls －l 文件名”命令；若要查看某一个目录的权限，则使用“ls －ld 目录名”命令。命令所显示的内容为文件的详细信息，其中包含了文件的权限，其表示形式和含义如图 4-1 所示。

每组文件的访问权限位置固定，依次为读取、写入和执行权限。例如，－rw－r－－r－－表示该文件是一个普通文件，文件拥有人拥有读、写权限；拥有组和其他人仅有读权限。

2）数值表示法

每类用户的访问权限也可用数值的方式表示出来，如表 4-2 所示。

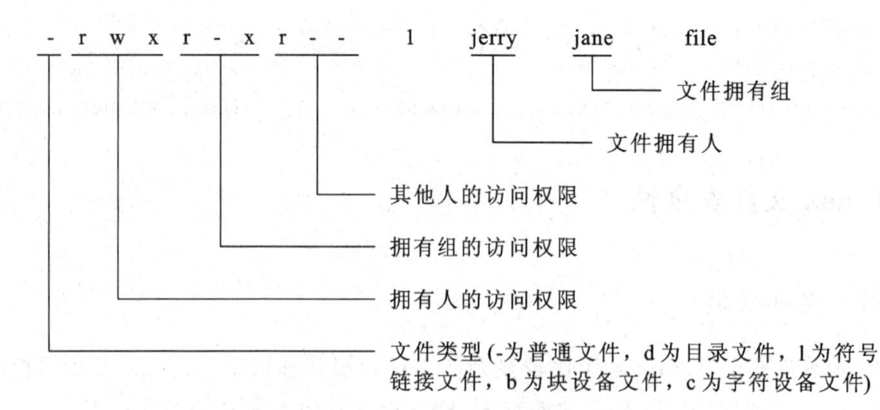

图 4-1 文件权限的符号表示法

表 4-2 文件权限的数值表示法

符号表示形式	十进制数表示形式	权 限 含 义	符号表示形式	十进制数表示形式	权 限 含 义
———	0	无任何权限	r——	4	可读
——x	1	可执行	r—x	5	可读和可执行
—w—	2	可写	rw—	6	可读和可写
—wx	3	可写和可执行	rwx	7	可读、可写和可执行

利用数值表示法表示文件权限简单、方便。例如，某文件权限为 r—xr——r——，用数值表示法为 544。

文件初始访问权限在创建时由系统自动赋予。文件拥有人或超级用户可以修改文件权限。

4.3.2 修改文件权限的 Shell 命令

修改文件权限的操作包含修改文件的拥有人、拥有组以及修改文件拥有人、拥有组及其他人这三类用户对文件的权限。

1. 修改文件的所有权

只有超级用户才能修改文件的所有权，所有权包含文件拥有人和拥有组，可以使用命令 chown 及 chgrp 来实现。

1）chown

格式：chown 文件拥有人[：文件拥有组] 文件

功能：改变文件的拥有人，并可一并修改文件的拥有组。

```
[root@localhost~]# chown jane myfile1
[root@localhost~]# ll myfile1
-rw-r--r--.1 jane root 6 Mar 10 10:02 myfile1
```

将文件 myfile1 的拥有人由 root 改为 jane，用 ll 命令查看文件 myfile1 的拥有人发生了改变。

```
[root@localhost~]# chown jane:jane myfile2
[root@localhost~]# ll myfile2
-rw-r--r--.1 jane jane 0 Mar 10 10:04 myfile2
```

将文件 myfile2 的拥有人和拥有组都由 root 改为 jane，用 ll 命令查看文件 myfile2 的拥有人和拥有组都发生了改变。

2）chgrp

格式：chgrp　文件拥有组　文件

功能：改变文件的拥有组。

```
[root@localhost~]# touch myfile3
[root@localhost~]# ll myfile3
-rw-r--r--.1 root root 0 Mar 10 10:04 myfile3
```

root 用户创建了文件 myfile3，默认该文件的拥有人和拥有组都为 root，使用如下命令将 myfile3 文件的拥有组改为 helen。

```
[root@localhost~]# chgrp helen myfile3
[root@localhost~]# ll myfile3
-rw-r--r--.1 root helen 0 Mar 10 10:04 myfile3
```

2. 修改文件的权限

修改文件的权限使用 chmod 命令。

格式 1：chmod　数值模式　文件

格式 2：chmod　符号模式　文件

功能：修改文件的访问权限。

数值模式为一组三位的数字，如 755、644 等。

符号模式由以下三部分组成：

对象：　u　文件拥有人

　　　　g　文件拥有组

　　　　o　其他人

操作符：＋　增加权限

　　　　－　删除权限

　　　　＝　赋予给定权限

权限：　r　读取权限

　　　　w　写入权限

　　　　x　执行权限

```
[jane@localhost~]$ll file
-rw-rw-r--.1 jane jane 0 Mar 10 10:06 file
[jane@localhost~]$chmod g-w file
[jane@localhost~]$ll file
-rw-r--r--.1 jane jane 0 Mar 10 10:06 file
```

取消 file 文件的拥有组对该文件的写权限。

```
[jane@localhost~]$ll file
-rw-r--r--.1 jane jane 0 Mar 10 10:06 file
[jane@localhost~]$chmod 755 file
[jane@localhost~]$ll file
-rwxr-xr-x.1 jane jane 0 Mar 10 10:06 file
```

将 file 文件的权限设置为 755，即拥有人对其具有读、写、执行权限；拥有组对其具有读和执行权限；其他人对其具有读和执行权限。

4.3.3 权限委派

1. 权限委派介绍

在 Linux 系统中，管理员的权限非常大，但是普通用户并没有什么权限，所以很有必要将权限分发给不同的普通用户，而且在 Linux 下，权限的委派功能非常强大，它可以基于命令集的权限委派。

所有的权限委派都在/etc/sudoers 这个配置文件中定义，/etc/sudoers 这个文件中默认已经定义了很多权限委派。这个文件中提供了很多模板，可以参考这些模板来进行权限的委派。

2. 权限委派格式

格式 1：user MACHINE COMMANDS

格式 2：User_Alias ADMIN＝用户集合

Cmnd_Alias USERS＝命令集合

ADMIN ALL＝(ALL) USERS

这两种格式在/etc/sudoers 文件中都有相应的模板。其中：格式 1 为简单的权限委派，针对某一个普通用户委派一个或几个命令；格式 2 可以实现稍复杂的权限委派，即针对多个用户委派多个命令。

例如，委派 user1 用户有添加、删除用户的权限。用 vi 编辑器打开/etc/sudoers 文件，仿照 root 用户的委派格式(即格式 1)进行书写。

```
##Allow root to run any commands anywhere
root     ALL=(ALL)       ALL
user1    ALL=(ALL)       /usr/sbin/useradd,/usr/sbin/userdel
```

在系统中，默认 root 用户可以做任何事，其实就是在这里定义的。对用户 user1 进行委派时，命令的写法必须写绝对路径。

又如，委派 jane、jerry 及 helen 三个用户都具有添加、删除用户的权限。用 vi 编辑器打开/etc/sudoers 文件，仿照格式 2 进行书写。

```
# User_Alias ADMINS=jsmith,mikem
User_Alias ADMINS=jane,jerry,helen
......
##Networking
#Cmnd_Alias NETWORKING=/sbin/route,/sbin/ifconfig,/bin/ping,
/sbin/dhclient,/usr/bin/net,/sbin/iptables,/usr/bin/rfcomm,
/usr/bin/wvdial,/sbin/iwconfig,/sbin/mii -tool
Cmnd_Alias USERS=/usr/sbin/useradd,/usr/sbin/userdel
......
##Allow root to run any commands anywhere
root     ALL=(ALL)     ALL
user1    ALL=(ALL)     /usr/sbin/useradd,/usr/sbin/userdel
ADMINS   ALL=(ALL)     USERS
```

3. 权限委派测试

权限委派的测试方法是切换到被委派的用户身份，执行被委派的命令，如果能够执行，则表示委派成功，但在执行被委派的命令前必须加“sudo”。

例如，对上述委派 user1 用户的例子，将用户身份切换至 user1 用户，输入“sudo useradd user111”命令，则提示输入 user1 用户密码，密码输入成功后，则创建新用户 user111，可通过“id user111”命令查看新建 user111 用户的信息进行验证。

```
[root@localhost~]# su -user1
[user1@localhost~]$ sudo useradd user111
[sudo] password for user1:
[user1@localhost~]$ id user111
uid=512(user111) gid=512(user111) groups=512(user111)
```

对上述第二个例子，从 jane、jerry 和 helen 三个用户中任选一个进行验证即可。如切换至 jerry 用户，输入“sudo userdel－r user111”命令，则提示输入 jerry 用户密码，密码输入成功后，则删除用户 user111，可通过“id user111”命令验证，发现该用户已被删除。

```
[root@localhost~]# su -jerry
[jerry@localhost~]$ sudo userdel -r user111
[sudo] password for jerry:
[jerry@localhost~]$ id user111
id:user111:No such user
```

本章小结

Linux 操作系统是一个多用户的操作系统，可以允许多个用户同时登录系统，如何对这些用户进行管理就显得至关重要了。

在 Linux 系统中的用户分为三大类：超级用户，即 root，或称为系统管理员；系统用户，即网络服务所对应的用户；普通用户，即普通的可登录系统的用户。

不同身份的用户所具有的权限也不同，其中超级用户与普通用户是可登录的，而系统用户是不可登录的；对于超级用户和普通用户而言，所具有的权限是有很大差别的，超级用户拥有可进行一切操作的权限，而普通用户仅具备对自己的文件进行操作的权限。

系统中与用户相关的文件有/etc/passwd 和/etc/shadow。其中 passwd 文件中存放的是有关用户账号的信息，包含用户名、密码、UID、GID、用户全名、家目录和登录 Shell。shadow 文件中存放的是有关用户密码的信息，包含用户名、加密密码、密码最后一次变更时间、密码最小存活期、密码最大存活期、密码的警告时间、账号过期时间及账号宽限期，最后一位为保留位。

常用的用户管理命令包括创建用户、设置密码、删除用户及锁定用户等。

Linux将具有相同特性的用户划归为一个组，可以大大简化用户的管理，方便用户之间文件的共享。任何一个用户都至少属于一个组，这个组称为初始组，并且可以同时属于多个附加组。用户不仅拥有其初始组的权限，还同时拥有其附加组的权限。

组按照其性质分为超级组、系统组和私人组。每个组都有组名、GID、组密码及用户列表属性。

与组相关的文件包含组账号信息文件/etc/group和组密码信息文件/etc/gshadow。组管理命令包含组的添加和删除、组的属性更改等。

为了保证系统安全，Linux采用比较复杂的文件权限管理机制。Linux中文件权限取决于文件拥有人、文件拥有组，以及文件拥有人、拥有组和其他人各自的访问权限。

文件权限的表示法分为两种：符号表示法和数值表示法。这两种方法各自适用于不同的应用场合。修改文件权限的命令有chmod、chown和chgrp等。

在Linux系统中，管理员的权限非常大，但是普通用户并没有什么权限，所以很有必要将权限分发给不同的普通用户，而且在Linux下，权限的委派功能非常强大，它可以基于命令集的权限委派。

所有的权限委派都在/etc/sudoers这个配置文件中定义，/etc/sudoers这个文件中默认已经定义了很多权限委派。这个文件中提供了很多模板，可以参考这些模板来进行权限的委派。

习题

1. 选择题

(1) 存放用户账号的文件是以下哪个文件？（ ）

A. /etc/shadow　B. /etc/group　C. /etc/passwd　D. /etc/gshadow

(2) 更改一个文件权限的命令是哪个？（ ）

A. change　B. attrib　C. chmod　D. at

(3) 如果执行命令 chmod 746 file，那么该文件的权限是什么？（ ）

A. rwxr－－rw－　B. rw－r－－r－－

C. －－xr－－rwx　D. rwxr－－r－－

(4) 为了达到使文件拥有人有读写权限，而其他人只具有读权限，应如何设置权限？（ ）

A. 566　B. 644　C. 655　D. 744

(5) 要改变文件的拥有人，使用以下哪个命令？（ ）

A. chgrp　B. chsh　C. chmod　D. chown

(6) 使用 useradd 命令创建用户，如需指定用户的家目录，要使用哪个选项？（ ）

A. －g　B. －d　C. －s　D. －u

(7) 以下关于 passwd 命令的说法,不正确的是哪个? ( )

A. 普通用户使用 passwd 命令能够修改自己的密码

B. 超级用户使用 passwd 命令能够修改自己和其他用户的密码

C. 普通用户使用 passwd 命令不能修改其他用户的密码

D. 普通用户使用 passwd 命令能够修改自己和其他用户的密码

(8) 使用 userdel 命令删除用户时,使用以下哪个选项能够删除用户家目录及邮箱? ( )

A. -r　　B. -R　　C. -d　　D. -a

(9) 利用 usermod 命令锁定用户账号,可使用以下哪个命令选项? ( )

A. -l　　B. -u　　C. -L　　D. -U

(10) 权限委派的配置文件是/etc 目录下的哪个文件? ( )

A. sudo　　B. sudoer　　C. sudos　　D. sudoers

2. 问答题

(1) 以下每个以数值表示的权限的符号表示是什么(如 rwxr-xr-x)?

644　755　000　711　700　777　555　111　600　731

(2) 假设文件的权限为 755,哪些命令可将权限更改为 r-xr--r--?

(3) root 用户如何更改文件的所有权,从而使其与用户 joe 和组 apache 相关联?

第5章 文件系统

文件系统是操作系统的重要组成部分，Linux 的文件系统功能非常强大。本章介绍了文件系统的概念、基本的文件管理命令、磁盘分区的概念、软件包的管理及逻辑卷管理等内容。

5.1 文件系统概述

Linux 文件系统中的文件是数据的集合，文件系统不仅包含着文件中的数据，而且还包含文件系统的结构。所有 Linux 用户和程序所看到的文件、目录、链接及文件保护信息等都存储在其中。

5.1.1 Linux 基本文件系统

1. ext4 文件系统

目前，Windows 通常采用 NTFS 文件系统，而 Linux 中存储程序和数据的磁盘分区通常采用 ext4 文件系统，实现虚拟存储的 swap 分区则一定采用 swap 文件系统。

ext(extended file system)文件系统（包括 ext1、ext2、ext3 和 ext4）是专为 Linux 系统设计的文件系统，它继承 UNIX 文件系统的主要特色，采用三级索引结构和目录树型结构，并将设备作为特殊文件处理。目前，绝大多数 Linux 发行版本采用的是 ext4 文件系统。

ext4 文件系统具有以下特点。

(1) 性能强大：ext4 文件系统最大能够支持 1 EB 的文件系统、16 TB 的文件以及无限数量的子目录。

(2) 数据完整：ext4 文件系统具备强大的日志校验功能，能够保持数据与文件系统状态的高度一致性，避免意外关机对文件系统造成的破坏。

(3) 读取迅速：ext4 文件系统采用多块分配和延迟分配等技术，支持一次调用分配多个数据块，且待文件写入缓存完成后才开始分配数据，优化整个文件的数据块分配，显著提升性能。

2. swap 文件系统

swap 文件系统用于 Linux 交换分区，用于实现虚拟内存。

3. tmpfs 文件系统

tmpfs 文件系统是虚拟内存文件系统，读/写速度极快。tmpfs 的大小不固定，会随着所需虚拟内存的变化而动态增减。tmpfs 总是对应着/dev/shm 目录。

4. devpts 文件系统

devpts 文件系统用于管理远程虚拟终端文件设备，总是对应着/dev/pts 目录。

5. sysfs 文件系统

sysfs 文件系统用于管理系统设备，向用户和程序提供详尽的设备信息。与 sysfs 文件系统相对应的是/sys 目录。

6. proc 文件系统

proc 文件系统也是特殊的文件系统，只存在于内存，不占用磁盘空间。它以文件系统的方式为用户和程序通过内核访问进程及其他系统信息提供接口。

与 proc 文件系统相对应的是/proc 目录，其子目录中以数字命名的目录正是进程信息目录。系统当前运行的每个进程都对应着/proc 中的一个进程信息目录，目录名即为进程号。访问进程信息目录就可获取进程相关信息。

5.1.2 Linux 支持的文件系统

Linux 采用虚拟文件系统技术，支持多种常见的文件系统，并允许用户在不同的磁盘分区上挂载不同的文件系统。这大大提高了 Linux 的灵活性，而且易于实现不同操作系统环境之间的信息资源共享。

Linux 支持的文件系统类型主要有以下几个。

msdos：MS-DOS 的 FAT 文件系统。

vfat：Windows 的 FAT32 文件系统。

ntfs：Windows 的 NTFS 文件系统。

sysV：UNIX 最常用的 system V 文件系统。

iso9660：CD-ROM 或 DVD-ROM 的标准文件系统。

5.1.3 Linux 系统的目录结构

Linux 系统的文件系统与现代其他操作系统一样采用树型目录结构。对用户而言，所看到的文件系统目录结构就像一棵倒立的树，称为目录树，如图 5-1 所示。

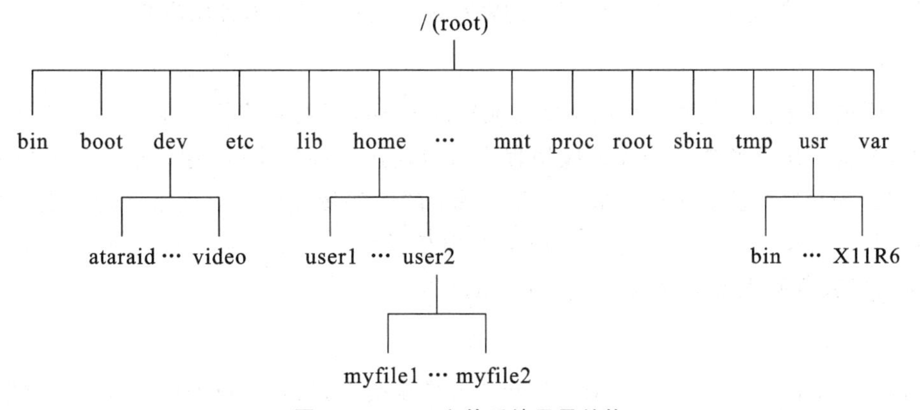

图 5-1 Linux 文件系统目录结构

根据文件系统的标准，所有的 Linux 文件系统都有标准的文件和目录结构。那些标准的目录又包含一些特定的文件。下面是一个 RHEL 8.1 系统的根目录清单实例：

```
[root@ localhost /]# ls
bin  dev  home  lib64  mnt  proc  run  srv  tmp  var
bootetc  lib  media  opt  root  sbin  sys  usr
```

了解 Linux 系统常见目录的作用，对维护和管理 Linux 系统有着重要作用。以下是 Linux 操作系统常用目录的作用说明。

1）根目录(/)

/目录也称为根目录，位于 Linux 文件系统目录结构的顶层。在很多系统中，/目录是系统中的唯一分区。如果还有其他分区，必须挂载到/目录下的某个位置。整个目录结构呈树形结构，因此也称为目录树。

2）bin

/bin 目录为命令文件目录，也称为二进制目录，包含了供系统管理员及普通用户使用的重要的 Linux 命令的二进制(可执行)文件，包括 Shell 解释器等，该目录不能包含子目录。目录/usr/bin 存放了大部分的用户命令。

3）boot

/boot 目录，该目录中存放系统的内核文件和引导装载程序文件。例如 Red Hat Enterprise Linux 6 的内核文件为 vmlinuz－2.6.32－431.el6.x86_64。

4）dev

/dev 目录，也称为设备(device)文件目录，存放连接到计算机上的设备(终端、磁盘驱动器、光驱及网卡灯)的相应文件，包括字符设备和块设备等。

5）etc

/etc 目录存放系统的大部分配置文件和子目录。X Window 系统的文件保存在/etc/X11 子目录中，与网络相关的配置文件保存在/etc/sysconfig 子目录中。该目录下的文件由系统管理员来使用，普通用户对大部分文件有只读权限。

6）home

/home 目录中包含系统中各个用户的家目录，子目录名即为各用户名。

7）lib

/lib 目录下存放了各种编程语言库。典型的 Linux 系统包含了 C、C＋＋和 FORTRAN 语言的库文件。用这些语言开发的应用程序可以使用这些库文件，这就使软件开发者能够利用那些预先写好并测试过的函数。/lib 目录下的库映像文件可以用来启动系统并执行一些命令。目录/lib/modules 包含了可加载的内核模块。/lib 目录存放了所有重要的库文件，其他的库文件则大部分存放在/usr/lib 目录下。

8）lost＋found

/lost＋found 目录，在 ext2、ext3 或 ext4 文件系统中，当系统意外崩溃或机器意外关机，产生的一些文件碎片放在这里。在系统启动的过程中 fsck 工具会检查这里，并修复已经损坏的文件系统。有时系统发生问题，有很多的文件被移到这个目录中，可能会用手工的方式来修复，或移动文件到原来的位置上。

9）opt

/opt 目录表示的是可选择的意思，有些软件包也会被安装在这里，某些第三方应用程序通常安装在这个目录。

10）root

/root 目录为系统管理员的家目录。

11）usr

/usr 目录是 Linux 系统中最大的目录之一，很多系统中，该目录是作为独立分区挂载的。该目录中主要存放不经常变化的数据，以及系统中安装的应用程序目录。

12）mnt

/mnt 目录主要用来临时挂载文件系统，为某些设备提供默认挂载点，如 floppy、cdrom。这样当挂载了一个设备如光驱时，就可以通过访问目录/mnt/cdrom 下的文件来访问相应的光盘上的文件了。

13）proc

/proc 目录是一个虚拟的文件系统，该目录中的文件是内存中的映像。可以通过查看该目录中的文件获取有关系统硬件运行的详细信息，例如使用 more 或 less 命令查看/proc/interrupts 文件以获取硬件中断(IRQ)信息，查看/proc/cpuinfo 文件以获取 CPU 的型号、主频等信息。

14）sbin

/sbin 目录下保存 root 用户的命令文件。/usr/sbin 存放了应用软件，/usr/local/sbin 存放了通用的 root 用户权限的命令。

15）tmp

/tmp 目录存放了临时文件，一些命令和应用程序会用到这个目录。该目录下的所有文件会被定时删除，以避免临时文件占满整个磁盘。

16）var

/var 目录以及该目录下的子目录中通常保存经常变化的内容，如系统日志、邮件文件等。

5.1.4 Linux 系统下文件的含义

1. 文件的含义

1）文件

文件的含义有广义和狭义之分。广义地说，UNIX 从一开始就把外部设备都当作“文件”。从这个意义上讲，凡是可以产生或消耗信息的都是文件。狭义地说，“文件”是指“磁盘文件”，进而可以是有组织有次序地存储于任何介质(包括内存)中的一组信息。一般情况下，提到文件基本都是指这个狭义的含义，即文件系统中存储数据的一个命名的对象。一个文件可以是空文件(即没有包含用户数据)，但是它仍然为操作系统提供了其他信息。

在 Linux 系统中文件是一个字符流序列，基于这个概念，Linux 中不仅把普通文件(文本文件、可执行文件等)或目录当作文件，而且也把磁盘、键盘、打印机以及网卡等设备当作文件，因为它们都用字符流序列表示，所以在 Linux 系统中所有的输入和输出设备都被当作文件来对待。

2）目录

目录文件中包含许多文件的目录项，每个目录项包含相应文件的名字和 inode 号。在 inode 中存放该文件的控制管理信息。目录支持文件系统的层次结构。文件系统中的每个文件都登记在一个（或多个）目录中。除了根目录以外，所有的目录都是子目录，并且有它们的父目录。Linux 系统中的根目录（/）就作为自己的父目录。

3）文件名

文件名是用来标识文件的字符串，它保存在一个文件目录项中。

4）路径名

通过斜杠字符“/”结合在一起的一个或多个目录及文件名的集合称为路径名。路径名指定一个文件在分层树型结构（即文件系统）中的位置。例如用户名为“jerry”，它的家目录的路径名为/home/jerry。

路径名又分为绝对路径名和相对路径名。绝对路径名是以斜杠开头，到文件位置的完整“路线图”，用户想要指定文件名称时随时可用；相对路径名是不以斜杠开头，指定相对于用户当前工作目录的位置，可用作到指定文件名称的快捷方式。

2. 文件的命名

文件名保存在目录文件中，Linux 的文件名几乎可以由 ASCII 字符的任意组合构成，文件名最长可多达 255 个字符。关于文件命令有以下几个约定。

(1) 文件名应尽量简单，并且应反映出文件的内容。

(2) 除斜杠（/）和空格（ASCII 字符\0）以外，文件名可以包含任意的 ASCII 字符，因为这两个字符被操作系统当作表示路径名的特殊字符来解释。

(3) 习惯上允许使用下划线“_”和句点“.”来区别文件的类型，使文件名更易读。但是应避免使用以下字符，因为对系统的 Shell 来说，它们具有特殊的含义。这些字符包括：“;”、“|”、“<”、“>”、“`”、“"”、“'”、“$”、“!”、“%”、“&”、“*”、“?”、“\”、“(”、“)”、“[”、“]”。文件名应避免使用空格、制表符或其他控制字符。

(4) 同类文件应使用同样的后缀或扩展名。

(5) Linux 系统是大小写敏感的系统，即区分文件名的大小写，例如，名为 Mail 的文件与名为 mail 的文件不是同一个文件。

(6) 以句点“.”开头的文件名为隐藏文件，必须使用带－a 选项的 ls 命令才能把它们在屏幕上显示出来。

5.2 从命令行中进行文件管理

文件操作是操作系统为用户提供的最基本的功能之一，Linux/UNIX 操作系统有着强大的文件目录的操作命令，采用命令行方式，用户能够非常快捷地完成一些特定的任务，并且可以实现多用户下远程终端使用 Linux 系统。本节介绍一些较常用的文件操作命令。

5.2.1 复制和移动文件

1. cp

格式:cp [选项] 源文件或源目录 目标文件或目标目录

功能:复制文件或目录。

主要选项说明:

-b	若存在同名文件,则在覆盖之前备份原来的文件
-f	强制覆盖同名文件
-r或-R	按递归方式,保留原目录结构复制文件
-p:	备份权限(保留权限、拥有人、时间戳)
-d:	只复制快捷方式
-a:	包含-p、-r、-d

如果目标是目录,则一次可以复制多个文件,且副本将位于其中;如果目标是文件,则副本将覆盖此目标且重命名为该文件名;如果目标为不存在的文件名,则副本将重命名为该文件名。

```
[root@localhost redhat]# ls
test1 test2
[root@localhost redhat]# cp -b test1 test2
cp:overwrite 'test2'? y
[root@localhost redhat]# ls
test1 test2 test2~
```

在/redhat目录下有文件test1和test2,将test1文件复制为test2。因test2文件已存在,所以备份原来的test2文件。备份后的文件名在原文件名后添加"~"符号。

2. mv

格式:mv [选项] 源文件或源目录 目标文件或目标目录

功能:移动或重命名文件或目录。

主要选项说明:

-b	若存在同名文件,则在覆盖之前备份原来的文件
-f	强制覆盖同名文件

```
[root@localhost redhat]# mv test1 test
[root@localhost redhat]# ls
test test2 test2~
```

将/redhat目录下的test1文件改名为test。

```
[root@localhost redhat]# mv test2 /tmp
[root@localhost redhat]# cd /tmp
[root@localhost tmp]# ls
find.all  find.out               orbit-gdm  test2
find.err  gedit.root.677413879   orbit-root  vgauthsvclog.txt.0
```

将/redhat目录下的test2文件移动到/tmp目录下。

5.2.2 创建和删除文件

1. touch

格式：touch ［选项］ 文件

功能：创建空文件或更新文件的时间戳。

主要选项说明：

－a　　更改文件的访问时间，a 表示 access

－m　　更改文件的修改时间，m 表示 modify

不带命令选项，则为创建一个空文件。

```
[root@localhost~]# touch aaa
```

在当前目录下创建一个空文件 aaa。

2. mkdir

格式：mkdir ［选项］ 目录

功能：创建目录。

主要选项说明：

－m　访问权限　　创建目录的同时设置目录的访问权限

－p　　一次性创建多级目录

```
[root@localhost redhat]# mkdir -p linux/rhel
[root@localhost redhat]# ls
linux test test2~
[root@localhost redhat]# cd linux
[root@localhost linux]# ls
rhel
```

3. rm

格式：rm ［选项］ 文件或目录

功能：删除文件或目录。

主要选项说明：

－f　　强制删除，不需要确认，f 即为 force

－r 或－R　　按递归方式删除目录

```
[root@localhost redhat]# ls
linux  test  test2~
[root@localhost redhat]# rm -f test
[root@localhost redhat]# ls
linux  test2~
```

强制删除/redhat 目录下的 test 文件，系统不进行询问。

```
[root@localhost redhat]# rm -rf linux
[root@localhost redhat]# ls
test2~
```

删除 linux 目录，连同其下所有子目录及文件。

rm 命令若要删除目录，则必须加－r 选项，该命令是一个危险的命令，因此建议只在必要时才在超级用户方式下使用该命令。使用rm命令要小心,因为一旦文件被删除,是不能被恢复的。为了防止这种情况发生,删除时系统默认要求逐个确认要删除的文件,如果输入y,文件将被删除,如果输入任何其他字符,文件则不会删除。

4. rmdir

格式:rmdir [选项] 目录

功能:删除一个或多个空目录。

主要选项说明:

-p　　递归删除目录,当子目录删除后其父目录为空时,也一同被删除

```
[root@localhost test]# mkdir ex
[root@localhost test]# ls
ex
[root@localhost test]# rmdir ex
[root@localhost test]# ls
[root@localhost test]#
```

删除/test目录下的空目录ex。

5.2.3 查找和处理文件

1. which

格式:which [选项] 命令名

功能:用于查询命令或别名的位置。

```
[root@localhost~]# which ls rpm shutdown reboot
alias ls='ls --color=auto'
/bin/ls
/bin/rpm
/sbin/shutdown
/sbin/reboot
```

一次性同时搜索多个命令的绝对路径。

2. locate

格式:locate [选项] 查找的字符串

功能:快速查找系统数据库中指定的内容。

主要选项说明:

-n num　　至多显示num个输出,num为数字

```
[root@localhost~]# locate -n 5 passwd
/etc/passwd
/etc/passwd -
/etc/pam.d/passwd
/etc/security/opasswd
/home/jerry/data/etc/passwd
```

快速查找passwd相关信息,并只显示前5个。locate命令是基于数据库的搜索,是一种模糊搜索,搜索速度快。

3. find

格式：find ［路径］ 查找条件 ［操作］

功能：从指定的路径开始，递归地查找其各个子目录，查找到满足查找条件的文件并对其进行相关的操作。

主要查找条件说明：

－name 文件	按文件名查找，可使用通配符，可加－i 选项表示忽略大小写
－user 用户名	按文件拥有人进行查找
－group 组名	按文件拥有组进行查找
－type 文件类型	按文件类型进行查找，其中 d 为目录文件，l 为软链接文件
－size ［+|－］文件大小	按文件大小进行查找，单位为 k、M、G，“+”表示超过，“－”表示不足
－perm 权限	按权限进行查找
－atime ［+|－时间］	按 atime 查找，“+”表示多久以前，“－”表示多久以内，单位为天。mtime、ctime 的格式一样
－amin ［+|－时间］	按 amin 查找，“+”表示多久以前，“－”表示多久以内，单位为分钟，mmin、cmin 的格式一样

主要操作说明：

－exec 命令{} 参数 \;	对符合条件的文件执行所给的命令，而不询问用户是否需要执行该命令，{}表示命令的参数即为所找到的文件，命令必须以“\;”结尾
－ok 命令{} 参数 \;	对符合条件的文件执行所给的命令，与 exec 不同的是，它会询问用户是否需要执行该命令

在实际应用中，find 命令既可以只用来进行查询满足条件的文件，也可以继续对查询到的文件进行后续操作，以实现其强大的功能。

```
[root@localhost~]# find/etc -name passwd
/etc/pam.d/passwd
/etc/passwd
```

基于文件名的查找，查找/etc 目录下文件名为 passwd 的文件，find 命令为精确匹配；若不指定查询路径，则默认为查询当前目录。

```
[root@localhost~]# find/home -user user1 -not -group user1
/home/user1/test1
```

查找/home 目录下拥有人是 user1，而拥有组不是 user1 的文件。

find 命令在使用过程中，多个查询条件之间还可以使用逻辑运算符进行连接，以实现更强大的功能。主要逻辑运算符使用说明如下：

－a	逻辑与，a 表示 and，是系统默认的选项，表示只有当所给的条件都满足时，查询条件才算满足
－o	逻辑或，o 表示 or，表示只要有一个条件满足即可
－not	逻辑非，即“!”，表示查询不满足所给条件的文件

```
[user1@localhost~]$find -type d
.
./.gnome2
./.mozilla
./.mozilla/extensions
./.mozilla/plugins
```

查找 user1 家目录下的目录。find 命令将显示满足条件的所有文件,包括隐藏文件和隐藏目录。

```
[root@localhost~]# find -size+500k
./.local/share/Trash/files/Screenshot.png
./etc/pki/tls/certs/ca-bundle.trust.crt
./etc/pki/tls/certs/ca-bundle.crt
./.mozilla/firefox/1y6r6ngh.default/places.sqlite
./.mozilla/firefox/1y6r6ngh.default/cookies.sqlite
./.mozilla/firefox/1y6r6ngh.default/startupCache/startupCache.8.little
./.mozilla/firefox/1y6r6ngh.default/addons.sqlite
```

查找当前目录下大小超过 500k 的文件。

```
[root@localhost~]# find -perm 777
./etc/rc2.d
./etc/pki/tls/cert.pem
```

查找当前目录下权限为 777 的文件。

```
[root@localhost~]# find/tmp -mmin -10
/tmp
/tmp/file1
```

查找/tmp 目录下 10 分钟以内被修改过的文件。

```
[root@localhost redhat]# ll
total 4
-rw-r--r--.1 root root 89 Oct 31 23:17 test2~
[root@localhost redhat]# find -perm 644 -exec chmod u-w {} \;
[root@localhost redhat]# ll
total 4
-r--r--r--. 1 root root 89 Oct 31 23:17 test2~
```

查找/redhat 目录下权限为 644 的文件,并将之改为 444。

5.2.4 显示文件大小

格式:du [选项] [目录或文件]

功能:显示目录或文件大小,默认以 KB 为单位。

主要选项说明:

—a 分别显示指定目录及其所有子目录和文件的大小,默认只显示目录的大小

—h 以易读方式显示目录或文件的大小

—s 只显示指定目录及以下内容的大小,而不分别显示其子目录的大小

```
[root@localhost~]# du -sh/tmp
56K/tmp
```

显示/tmp 目录的大小。du 命令显示的是汇总后的目录大小,若只显示/tmp 目录这一

级的大小，则可以使用“ls－lh/tmp”命令。

```
[root@localhost~]# ls -lh/tmp
total 28K
-rw-rw-r--.1 user user1   715 Mar   9 20:44 find.all
-rw-rw-r--.1 user user1   685 Mar   9 20:43 find.err
-rw-rw-r--.1 user user1   685 Mar   9 20:43 find.out
srwxr-xr-x.1 root root      0 Mar 10 11:13 gedit.root.677413879
drwx------.2 gdm  gdm    4.0K Mar   9 15:19 orbit-gdm
drwx------.2 root root   4.0K Mar 10 11:13 orbit-root
-rw-r--r--.1 root root     78 Mar 10 11:15 test2
-rw-r--r--.1 root root   3.4K Mar   9 15:18 vgauthsvclog.txt.0
```

5.3 文件系统深入

5.3.1 分区与文件系统

系统中最重要的磁盘设备为硬盘。而文件系统是创建在硬盘上的，硬盘在出厂时要进行低级格式化，然后进行分区，即指明起始柱面号及终止柱面号，再进行格式化，即往分区中写入文件系统特性，Linux 默认为 ext4。

1. 文件的组成

文件系统的运行方式与操作系统的文件组成有关。文件的组成除了文件实际内容之外，通常还含有非常多的属性，例如文件权限(rwx)与文件属性(拥有人、拥有组、时间戳等)。文件系统通常会将这两部分的数据分别存放在不同的块，权限与属性放置到 inode(索引节点)中，至于实际数据则放置到 block 块中。另外，还有一个超级块(super block)会记录整个文件系统的整体信息，包括 inode 与 block 的总量、使用量及剩余量等。

每个 inode 与 block 都有编号，这三个数据的意义可简要说明如下。

super block：记录此文件系统的整体信息，包括 inode/block 的总量、使用量、剩余量，以及文件系统的格式与相关信息等。

inode：记录文件的属性，包括文件类型、权限、UID、GID、linkcount、文件大小、时间戳及文件数据所在的 block 编号。一个文件占用一个 inode。

block：实际记录文件的内容，若文件太大，会占用多个 block。

由于每个 inode 与 block 都有编号，而每个文件都会占用一个 inode，inode 内则有文件数据放置的 block 编号。因此，如果能够找到文件的 inode，那么自然就会知道这个文件所放置数据的 block 号码，当然也就能够读出该文件的实际数据了，这样磁盘就能在较短时间内读取出全部的数据，读写的性能较好。这种方式称为索引文件系统。

2. 文件系统的特性

文件由 inode 和 block 组成，系统一开始就将 inode 和 block 规划好了，除非重新格式化或利用 resize2fs 等命令更改文件系统大小，否则 inode 与 block 固定后就不会再变动。但如果文件系统很大，则需要的 inode 与 block 数量太大，将 inode 与 block 放置在一起则不容易管理。

因此，文件系统在格式化的时候基本上是区分为多个块组(block group)的，每个块组都有独立的 inode/block/super block 系统。ext4 格式化后的结构如图 5-2 所示。

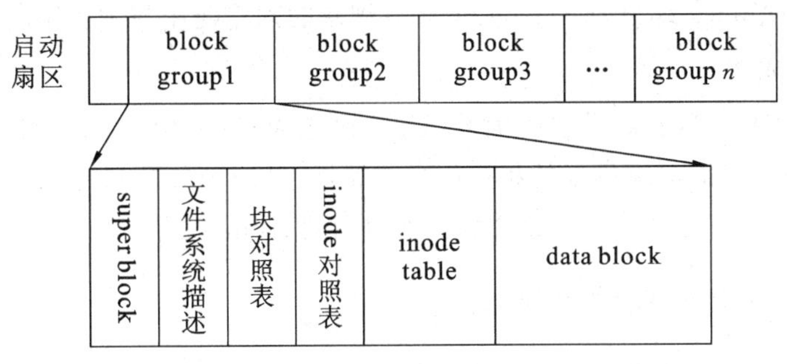

图 5-2　ext4 文件系统示意图

在整体的规划中，文件系统最前面有一个启动扇区(boot sector)，这个启动扇区可以安装引导装载程序，用于将不同的引导装载程序安装到对应的文件系统最前端，而不用覆盖整块硬盘唯一的 MBR，这样也才能够制作出多重引导的环境。每个块组的 6 个主要内容说明如下。

(1) data block(数据块)：用来放置文件内容，在格式化时，block 的大小就固定了，每个 block 都有编号，以方便 inode 的记录。

block 的大小称为 block size，block size 为文件系统的最小存储单元，只能存放单个文件，大小可能为 1024B/2048B/4096B。若分区大小<500MB，则默认 block size 为 1024B；若分区大小>500MB，则默认 block size 为 4096B。

使用命令 tune2fs－l/dev/sda1 可以查看分区信息，即查看该分区的超级块。可以在格式化一个分区时指定 block size 的大小，而不使用默认值，用命令 mkfs. ext4－b 4096/dev/sda9。

(2) inode table：inode 表格，主要记录文件的属性以及该文件实际数据所对应的 block 编号。

(3) super block(超级块)：记录整个文件系统的相关信息，没有 super block，就没有这个文件系统了。可以使用命令 dumpe2fs 来查看 super block 的信息，该命令可以查看到非常多的信息，按照内容主要可以区分为上半部分为 super block 的内容，下半部分则是每个 block group 的信息。

每个 block group 都可能含有 super block。但是，有人说一个文件系统应该仅有一个 super block，这是否有矛盾呢？事实上，除了第一个 block group 内会有 super block 之外，后续的 block group 不一定含有 super block，而若有则只是作为第一个 block group 内的 super block 的备份，这样可以进行 super block 的救援。

(4) file system description(文件系统描述)：这个区段可以描述每个 block group 的开始与结束的 block 编号，以及说明每个区段(super block，bitmap，inodemap，data block)分别介于哪一个 block 编号之间。这部分也能够用 dumpe2fs 来查看。

(5) block bitmap(块对照表)：若要添加文件，就要用到 block，此时可以通过 block bitmap 来查找哪些 block 是空的，以便系统能快速找到可使用的空间来处置文件。同样地，当删除文件时，文件所占用的 block 就要被释放，此时需要在 block bitmap 中找到相应的

block，将标志改为“未使用”。

（6）inode bitmap(inode 对照表)：与 block bitmap 功能相似，只是 block bitmap 记录的是使用与未使用的 block 编号，而 inode bitmap 记录的则是使用与未使用的 inode 编号。

3. 目录的组成

在 Linux 系统中，由于目录也被看作文件，称之为目录文件，因此目录也由 inode 和 block 组成。其中：inode 记录目录的相关权限与属性，并记录分配到的 block 编号；而 block 则记录了在这个目录下的文件名与该文件名所占用的 inode 编号。

5.3.2 与 inode 相关的命令

可以使用命令 ls－li 来查看文件的 inode。

```
[root@localhost~]# ls -li file
40999 -rw -r --r --.1 root root 24 Mar 10 09:31 file
```

以上十项内容分别表示的含义如下。

第一项：inode 编号。

第二项：共十个字符，第一个字符代表文件类型，“ -”表示普通文件，后九个字符代表权限。

第三项：对于文件而言为链接数，对于目录而言为目录下所包含的子目录及文件个数。

第四项：文件拥有人。

第五项：文件拥有组。

第六项：文件大小，以字节为单位。

第七项：文件创建月份。

第八项：文件创建日期。

第九项：文件创建时间。

第十项：文件名。

在同一个分区中每个文件有唯一的 inode number，每个分区中的 inode 个数固定。

cp：无论复制到相同或不同的分区，都会产生不同的 inode，两个文件之间无关。

```
[root@localhost~]# cp file/home/
[root@localhost~]# ls -li file
40999 -rw -r --r --.1 root root 24 Mar 10 09:31 file
[root@localhost~]# ls -li/home/file
29 -rw -r --r --.1 root root 24 Mar 10 11:36/home/file
```

上例中，/home 与/是两个不同的分区，将/root/file 文件复制到/home 目录下，分别查看两个文件的 inode，发现 inode 编号不同。

mv：在同一分区内移动文件，则 inode 不变，即权限、时间戳等属性都未变，文件的内容即 data 也未动，所以同一分区内移动文件速度很快。

```
[root@localhost~]# ls -li file
40999 -rw -r --r --.1 root root 24 Mar 10 09:31 file
[root@localhost~]# mv file/
[root@localhost~]# ls -li/file
40999 -rw -r --r --.1 root root 24 Mar 10 09:31/file
```

上例中/root 和/是同一个分区，移动/root/file 到/目录下，查看移动文件前后的 inode，发现 inode 相同，属性也相同，表明二者对应的是同一个文件。

若在不同的分区移动文件，则 inode 发生改变，权限等属性均发生了变化。

```
[root@localhost~]# ls -li/file
40999 -rw -r --r --.1 root root 24 Mar 10 09:31/file
[root@localhost~]# mv/file/home
[root@localhost~]# ls -li/home/file
29 -rw -r --r --.1 root root 24 Mar 10 09:31/home/file
```

rm：只删除了文件的 inode，data 未被抹掉，所以删除文件速度很快。若创建一个新文件，则会使用旧文件的 inode，那么就会将新文件的 data 写入到旧文件的 data 所在的位置，从而覆盖了旧文件的 data，那么旧文件也就无法恢复了。

◆ 5.3.3 文件类型

Linux 系统常见的文件类型包括普通文件、目录文件、设备文件及链接文件等，下面对这几种常见文件的类型进行详细说明。

1. 普通文件

所有用编辑程序、语言编译程序、数据库管理程序等产生的文本文件、二进制文件、数据文件等都是普通文件，它是一种无结构的流式文件。所谓流式文件，就是相关信息的有序集合，或者说是有一定意义的字符流，包含的内容最多，范围最广。

普通文件又可进一步分为文本文件和二进制文件。如用文本编辑器编辑的 hello. c(文本)文件，对 hello. c 文件编译生成的 hello. o(二进制)文件，对 hello. o 文件链接生成的 hello(二进制可执行)文件。

2. 目录文件

目录也称文件夹，在 Linux/UNIX 系统中把它当成是一类特殊的文件，利用它可以构成文件系统的分层树型结构。

每个目录的第一项都表示目录本身，并以“. ”作为它的文件名。每个目录的第二项的名字是“. . ”，表示该目录的父目录。

应注意：以“. ”开头的文件名表示隐含文件，使用 ls－a 命令可以列出。

3. 设备文件

在 Linux 系统中，所有设备都作为一类特殊文件对待，用户像使用普通文件那样对设备进行操作，从而实现设备无关性。但是，设备文件除了存放在文件 inode 中的信息外，不包含任何数据。系统利用设备文件来标志各个设备驱动器，内核使用它们与硬件设备通信。

设备文件还可以细分为块设备和字符设备两种。块设备指以固定长度的数据块为单位来组织和传送数据的设备，如磁盘、磁带等；字符设备指以单个字符为单位来传递信息的设备，如终端显示器、打印机等。大多数设备都同时提供数据块和字符两种数据访问方式，但每一种设备都有其最佳的访问方式。例如，对于终端一般采用字符访问方式，而对于磁盘则两种方式都可以采用。

设备文件中最特殊的是/dev/null，它就像“黑洞”一样，将所有写入的数据吞噬。通常将它作为一个废物池，将不需要的输出信息或要删除的文件送到这里。注意，送到这里的文件是不可恢复的。如果用它作为一个输入文件，如 cat</dev/null>myfile.txt，则会产生一个零长度的 myfile.txt 文件。

在 Linux 系统中，除了普通文件、目录文件、设备文件外，还有链接文件、管道文件和套接字（socket）文件。

通常用“－”表示普通文件，“d”表示目录文件，“l”表示链接文件，“b”表示块设备文件，“c”表示字符设备文件，“p”表示管道文件，“s”表示套接字文件。

◆ 5.3.4 链接文件

在 Linux 系统中，为了解决文件的共享使用，引入了链接文件。链接文件包含两种：硬链接（hard link）与软链接（又称符号链接，即 soft link 或 symbolic link）。链接为 Linux 系统解决了文件的共享问题，还带来了隐藏文件路径、增加权限安全及节省存储等好处。

1. 硬链接

若一个 inode 号对应多个文件名，则称这些文件为硬链接。换言之，硬链接就是同一个文件使用了多个别名，硬链接可以由命令 ln 创建。以下是对文件 oldfile 创建硬链接 newfile。

```
[root@localhost tmp]# ln oldfile newfile
[root@localhost tmp]# ls -li oldfile
18 -rw-r--r--.2 root root 0 Mar 10 11:52 oldfile
[root@localhost tmp]# ls -li newfile
18 -rw-r--r--.2 root root 0 Mar 10 11:52 newfile
```

由于硬链接是有着相同 inode 号仅文件名不同的文件，因此硬链接存在以下几点特性：

（1）文件有相同的 inode 及 data block；

（2）只能对已存在的文件创建硬链接；

（3）不能交叉文件系统进行硬链接的创建，即只能在同一文件系统内创建硬链接；

（4）不能对目录进行创建，只可对文件创建硬链接；

（5）删除一个硬链接文件并不影响其他有相同 inode 编号的文件。

对于采用硬链接方式，要对被链接的文件进行特殊管理，以免它被删除时引发系统错误。对于 Linux 系统而言，系统为每个文件设有链接计数器。当指向一个文件的新链接建立时，该链接计数器加 1；当一个文件链接被从目录中删除时，该链接计数器减 1。如果链接计数器的值为 0，则该文件所占据的空间被释放。

2. 软链接

软链接与硬链接不同，若文件 data block 中存放的内容是另一文件的路径名的指向，则该文件就是软链接。软链接就是一个普通文件，只是 data block 内容有点特殊。软链接有着自己的 inode 号以及 data block。因此，软链接的创建没有类似硬链接的诸多限制。

（1）软链接有自己的文件属性及权限等；

（2）可对不存在的文件或目录创建软链接；

（3）软链接可跨文件系统进行创建；

（4）软链接可对文件或目录进行创建；

（5）创建软链接时，链接计数 i_nlink 不会增加；

(6) 删除软链接并不影响被指向的文件，但若被指向的原文件被删除，则相关的软链接被称为死链接(即 dangling link，若被指向路径的文件被重新创建，死链接可恢复为正常的软链接)。

```
[root@localhost tmp]# ls -li oldfile
18 -rw -r --r --.2 root root 0 Mar 10 11:52 oldfile
[root@localhost tmp]# ln -s oldfile softlinkfile
[root@localhost tmp]# ls -li softlinkfile
5680 lrwxrwxrwx.1 root root 7 Mar 10 11:53 softlinkfile ->oldfile
```

在同一分区内创建软链接，两个文件的 inode 不同。

```
[root@localhost tmp]# ls -li oldfile
18 -rw -r --r --.2 root root 0 Mar 10 11:52 oldfile
[root@localhost tmp]# ln -s oldfile/home/softlinkfile1
[root@localhost tmp]# ls -li/home/softlinkfile1
30 lrwxrwxrwx.1 root root 7 Mar 10 11:55/home/softlinkfile1 ->oldfile
```

也可跨分区创建软链接，两个文件的 inode 也不同。

图 5-3 为硬链接和软链接的示意图。

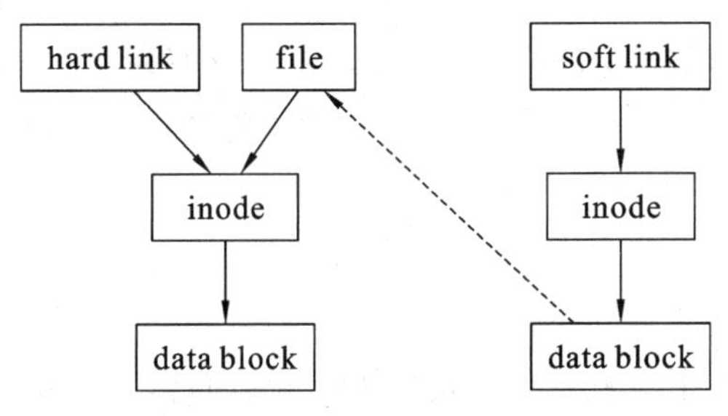

图 5-3　硬链接与软链接示意图

5.4 文件打包与压缩

用户经常需要备份计算机系统中的数据，为了节省存储空间，常常需要将备份文件进行打包压缩。下面分别介绍文件打包与压缩的 Shell 命令。

1. tar

格式：tar　选项　打包/压缩文件　[文件或目录列表]

功能：将多个文件或目录打包为 tar 文件，使用相关命令选项还可以压缩已打包的文件。

主要选项说明：

-c　创建打包/压缩文件
-t　显示打包/压缩文件的内容
-x　还原打包/压缩文件中的文件和目录
-v　显示命令的执行过程
-z　采用 gzip 方式压缩/解压缩已打包的文件
-j　采用 bzip2 方式压缩/解压缩已打包的文件
-f　tar 命令的必需选项

```
[root@localhost tmp]# tar -cvf/tmp/etc.tar/etc
```

（略）

将/etc 目录下的所有文件打包为 etc. tar 文件，并显示命令的执行过程。

利用 tar 命令可以将打包和压缩一起做，并可以通过使用不同的命令选项来选择不同的压缩格式进行压缩。

相比较而言，采用 bzip2 这种格式压缩速度慢，但压缩率更高，但一般采用 gzip 方式进行压缩，速度更快。

```
[root@localhost tmp]# tar -zcvf/tmp/etc.tar.gz/etc
```

（略）

将/etc 目录下的所有文件打包并压缩为 etc. tar. gz 文件，并显示命令的执行过程。

```
[root@localhost tmp]# tar -jcvf/tmp/etc.tar.bz2/etc
```

（略）

将/etc 目录下的所有文件打包并压缩为 etc. tar. bz2 文件，并显示命令的执行过程。

利用 tar 命令也可以将解压和解包操作一起做，只要加上相应的命令选项即可。

```
[root@localhost tmp]# tar -zxvf/tmp/etc.tar.gz
```

（略）

将/tmp/etc. tar. gz 文件中的所有文件还原到/tmp 目录。

```
[root@localhost tmp]# tar -xvf etc.tar -C/redhat
```

将 etc. tar 中的所有文件还原到/redhat 目录。

2. gzip

格式：gzip ［选项］ 文件|目录

功能：压缩/解压缩文件。无选项参数时执行压缩操作。压缩后产生扩展名为. gz 的压缩文件，并删除源文件。

主要选项说明：

—d　　解压缩文件，相当于使用 gunzip 命令

—r　　参数为目录时，按目录结构递归压缩目录中的所有文件

—v　　显示文件的压缩比例

```
[root@localhost redhat]# ls
aaa  file1
[root@localhost redhat]# gzip *
[root@localhost redhat]# ls
aaa.gz  file1.gz
```

采用 gzip 格式压缩当前目录下的所有文件。gzip 命令没有打包功能。当压缩多个文件时将分别压缩每个文件，使之成为. gz 压缩文件。

```
[root@localhost redhat]# gzip -d *
[root@localhost redhat]# ls
aaa  file1
```

将当前目录下的文件进行解压缩。

3. bzip2

格式：bzip2 ［选项］ 文件|目录

功能：压缩/解压缩文件。无选项参数时执行压缩操作。压缩后产生扩展名为.bz2的压缩文件，并删除源文件。bzip2命令也没有打包功能。

主要选项说明：

－d　　解压缩文件，相当于使用bunzip2命令

－v　　显示文件的压缩比例等信息

```
[root@localhost redhat]# bzip2 -v file1
file1:    0.143:1,56.000 bits/byte, -600.00% saved,6 in,42 out.
[root@localhost redhat]# ls
aaa  file1.bz2
```

压缩file1文件，并显示压缩比例。

```
[root@localhost redhat]# bzip2 -d* .bz2
[root@localhost redhat]# ls
aaa  file1
```

解压缩file1.bz2文件。

4. zip

格式：zip ［选项］ 压缩文件　文件列表

功能：将多个文件打包后压缩为zip文件。

主要选项说明：

－m　　压缩完成后删除源文件

－r　　按目录结构递归压缩目录中的所有文件

```
[root@localhost redhat]# ls
file.txt test1 test2
[root@localhost redhat]# zip file.zip *
  adding:file.txt(deflated 28%)
  adding:test1(deflated 64%)
  adding:test2(deflated 73%)
[root@localhost redhat]# ls
file.txt file.zip test1 test2
```

将当前目录下的所有文件压缩为file.zip文件。使用zip命令压缩的过程中将显示每个文件的压缩比例，默认不删除源文件。

5. unzip

格式：unzip ［选项］ 压缩文件

功能：解压缩扩展名为.zip的压缩文件。

主要选项说明：

－l　　　　查看压缩文件所包含的文件

－t　　　　测试压缩文件是否已损坏

－d 目录名　指定解压缩的目标目录

－n　　　　不覆盖同名文件

－o　　　　强制覆盖同名文件

```
[root@localhost redhat]# unzip -l file.zip
Archive:  file.zip
  Length      Date       Time    Name
---------   --------------------
    54      03-10-2016 12:05  file.txt
    201      03-10-2016 12:07  test1
    270      03-10-2016 12:07  test2
---------                     --------
     525                     3 files
```

查看 file.zip 文件所包含的文件。

```
[root@localhost redhat]# unzip -d dir file.zip
Archive:  file.zip
  inflating:dir/file.txt
  inflating:dir/test1
  inflating:dir/test2
[root@localhost redhat]# ls dir
file.txt  test1  test2
```

新建 dir 目录，并将 file.zip 文件的内容解压缩到此目录。

5.5 软件包管理

由于 Windows 系统下几乎所有的应用软件都提供了相应的安装程序（如 setup.exe 和 install.exe 等），所以在 Windows 系统中安装软件非常简单，只要用鼠标双击运行安装文件就能完成。卸载应用程序也非常简单，使用 Windows 提供的“添加或删除程序”或运行应用程序提供的卸载程序即可。而 Linux 下安装和卸载软件不像在 Windows 中那样简单，这是 Linux 下的应用软件使用多种安装包格式发布所造成的。

5.5.1 建立 RHEL 本地软件仓库

软件仓库又称为软件源，通常位于线上。RHEL 软件仓库类似于苹果系统或安卓系统里面的应用商店，其所维护的 RPM 软件包都在软件仓库中，而且对应相应的发行版本。例如，RHEL 8 无法使用 RHEL 6 或 RHEL 7 的软件仓库。RHEL 8 相对于先前的版本有较大变化，其软件仓库分为 BaseOS 与 Application Stream 两大部分，BaseOS 提供 RHEL 8 的基础软件包，Application Stream 主要提供用于开发方面的软件包，此外还可以保存同一个软件包的不同版本。

RHEL 系统安装完成之后，如果没有注册并购买红帽服务是无法连接到官方的软件源的，也就无法直接安装软件包及更新系统。我们可以禁用“Subscription Management”，通过修改以下两个文件的 Enable=0 来禁用 Subscription Management 提示。

#vi /etc/yum/pluginconf.d/product-id.conf

#vi /etc/yum/pluginconf.d/subscription-manager.conf

然后，使用 RHEL 8 的安装光盘来建立本地软件仓库，在不联网的情况下，也能使用。

将虚拟机的光驱设置为 RHEL 的安装 ISO 文件，如图 5-4 所示。

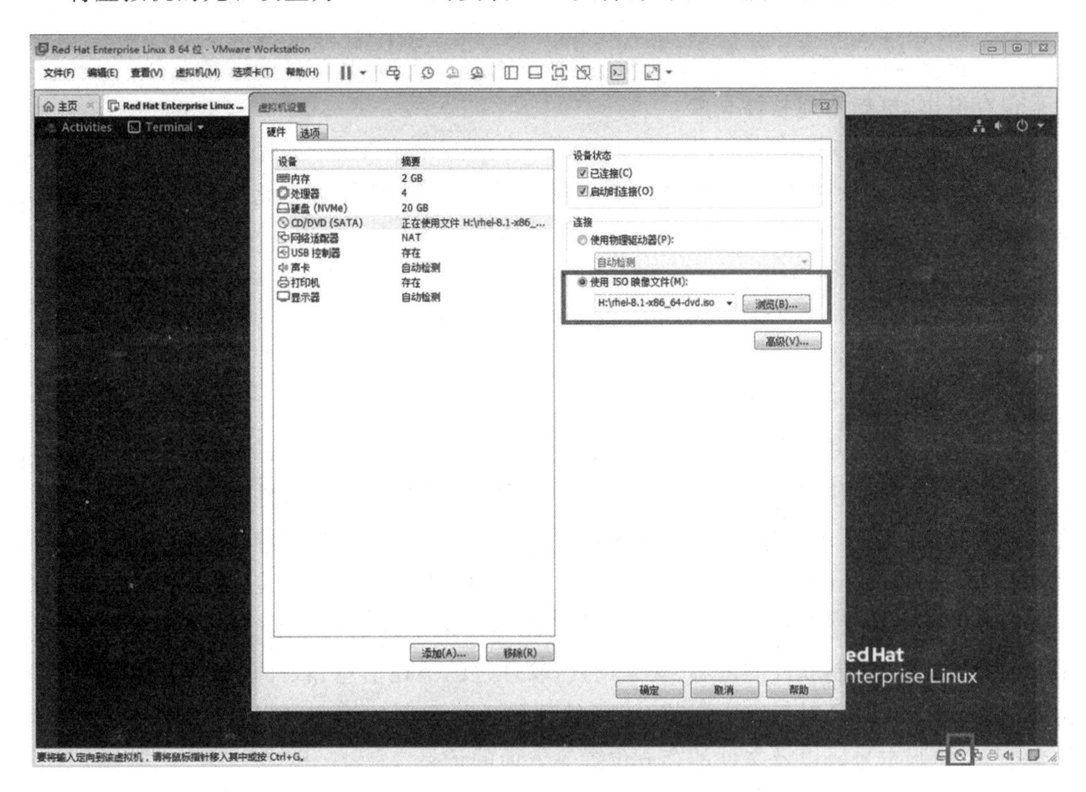

图 5-4　设置虚拟机光驱为 RHEL 安装文件

执行：

```
# mkdir  /cdrom                    //创建安装光盘的挂载点
# mount  /dev/sr0  /cdrom          //挂载光盘，/dev/sr0 为镜像文件设备位置
```

若需要重启系统后仍然生效，可编辑/etc/fstab 文件：

```
# vi  /etc/fstab
```

在文件末尾添加如下内容：

```
/dev/sr0  /cdrom  iso9660  default 0 0
```

保存退出，创建本地软件仓库文件：

```
# vi /etc/yum.repos.d/local.repo
```

在仓库文件中添加配置信息，内容如下：

```
[LocalRepo_BaseOS]
name= LocalRepository_BaseOS
baseurl= file:///cdrom/BaseOS
enabled= 1
gpgcheck= 1
gpgkey= file:///etc/pki/rpm-gpg/RPM-GPG-KEY-redhat-release

[LocalRepo_AppStream]
name= LocalRepository_AppStream
baseurl= file:///cdrom/AppStream
```

```
enabled= 1
gpgcheck= 1
gpgkey= file:///etc/pki/rpm-gpg/RPM-GPG-KEY-redhat-release
```

保存退出，更新本地软件仓库：

```
# dnf check-update
```

如果需要更新软件仓库，只需要更新 RHEL 的 ISO 文件即可。此外，若系统中还有其他的软件仓库配置文件，如 redhat. repo，可将其备份。

```
# mkdir /etc.yum.repos.d/bak
# mv /etc/yum.repos.d/redhat.repo  ../bak
```

5.5.2 RPM 软件包管理

在操作系统中，并不是所有的软件都能独立运行，可能在运行过程中需要使用其他软件提供的功能，这样就使得各个软件构成错综复杂的依赖关系，使得软件的安装、卸载和升级变得非常复杂。为了解决这个问题，Red Hat 公司提出了软件包管理器 RPM。RPM 是 Red Hat package manager 的缩写，它的出现使得 Linux 中的应用软件安装、卸载、升级、验证和查询等操作变得非常简单。一个 RPM 文件是能够让某个特定程序运行的全部文件的一个集合，它记录了二进制软件的内容、安装位置、软件包的描述信息、软件包之间的依赖关系等重要信息。RPM 工具对系统中全部 RPM 软件包进行全面的管理，包括已经安装了哪些软件包、它们的版本号码以及文件的存放位置等方面的记录。

典型的 RPM 软件包的文件名采用固定格式："包名-版本号. 硬件平台类型. rpm"。例如，vsftpd-2. 2. 2-11. el6_4. 1. x86_64. rpm，其中 vsftpd 表示包名，即 Vsftpd 服务器程序，2. 2. 2-11. el6_4. 1 表示软件的版本号，x86_64 表示此软件包适用于 Intel x86 硬件平台。

rpm 命令可以对系统中所有的 RPM 包进行管理，使用 rpm 命令可以实现安装、卸载、升级、验证和查询等操作。但在 RHEL 系统中，通常选择 YUM 命令（见 5. 5. 3）或 DNF 命令（见 5. 5. 4）对软件包进行管理。以下简单介绍 RPM 命令的操作。

1. 安装 RPM 软件包

格式：rpm －i[选项] 软件包文件

功能：安装 RPM 软件包。

主要选项说明：

－v 显示安装过程

－h 以"#"符号表示安装进度

RPM 软件包正式安装前会检查软件包的依赖关系，若所依赖的软件包不存在，那么安装无法进行。除此以外，还会检查软件包的签名信息，若签名检测失败，安装也无法进行。

2. 查询 RPM 软件包

格式 1：rpm －q[选项] 软件包

主要选项说明：

－i 查询已安装软件包的详细信息

－l 查询已安装软件包所包含的所有文件

格式 2：rpm －q[选项]

主要选项说明：

－a 查询已安装的所有软件包

－f 文件名 查询指定文件所属的软件包

功能：查询软件包的相关信息。

3. 删除 RPM 软件包

格式：rpm －e 软件包

功能：删除 RPM 软件包。

软件包删除操作时，参数不能使用 RPM 软件包的完整文件名，只能使用软件名称或软件名称加上版本编号。如果将删除的软件包与其他已安装的软件包存在依赖关系，那么系统会显示提示信息并终止删除操作。

5.5.3 YUM 软件包管理

YUM(yellowdog updater modified)是 RHEL(包括 Fedora、CentOS)基于 RPM 包的软件管理技术。与 RPM 命令相比，YUM 的优势较为明显。YUM 能够自动解决软件包之间的依赖关系，能够一次性安装所有依赖的软件包，便于大型系统进行软件更新。

YUM 的技术核心在于其软件源(repository)技术。软件源可以是 HTTP，可以是 FTP 站点，也可以是本地站点。软件源收集并整理 RPM 软件包的头部信息，如软件包的功能描述、所包含的文件、依赖性等，为软件包的自动更新、安装和删除提供信息。

1. 配置 YUM 仓库

利用 YUM 进行软件包管理，必须首先配置 YUM 仓库，YUM 仓库中包含了软件的依赖关系及所在的位置，每当利用 YUM 命令进行软件包的管理时，系统会在 YUM 仓库中查找到依赖关系并自行解决，即一次性安装所有需要的具有依赖性关系的软件，而无须用户手动地去一个一个地安装。

注意：RHEL 8 中默认使用的软件批量管理工具由原版本的 YUM 换成了速度更快的 DNF，原有的 YUM 命令仅为 DNF 的软链接，当然依旧可以使用。

除了使用 RHEL 的官方 YUM 源或本地软件源，也可以配置自己定义的 YUM 源，也就是 Repository 库。这里我们使用阿里云开源镜像，清华大学开源软件镜像或其他的镜像也是可选项。

清华大学开源镜像：

https://mirrors.tuna.tsinghua.edu.cn/redhat/rhel/

阿里云开源镜像：

https://mirrors.aliyun.com/repo/

由于 CentOS-8 官方已下线，故选择下载 Centos-vault-8.5.2111.repo，若使用系统自带浏览器，通常会将该文件下载至/home/user/Downloads/目录下，可将其复制到/etc/yum.repos.d/目录下。

也可以在 RHEL 中执行以下命令，将 YUM 源下载到 RHEL 中：

```
# cd /etc/yum.repos.d/
# wget https://mirrors.aliyun.com/repo/Centos-vault-8.5.2111.repo
```

待系统提示“‘Centos-vault-8.5.2111.repo’ saved”后，执行以下命令，清除 YUM 缓存，重建 YUM 数据库：

```
# yum clean all
# yum makecache
# yum repolist
```

YUM 仓库配置完成后，可以通过运行 yum list all 命令来验证是否配置成功，如果运行该命令能列出光盘中的文件，则表示配置成功，否则配置错误。在更改了 YUM 仓库后，为了防止下次运行所读取到的是缓存的内容，应运行 yum clean all 将缓存清除。

2. 安装软件包/软件包组

格式：yum　install　软件包名

功能：安装 RPM 软件包。

格式：yum　groupinstall　软件包组名

功能：安装 RPM 软件包组。

```
[root@localhost~]# yum install vsftpd
```

（略）

安装 vsftpd 软件包，YUM 首先与软件源进行连接，并自动选择传输速度最快的镜像网站，然后建立安装进程，分析软件包的依赖关系，说明将下载的文件大小和安装所需的空间大小，并询问是否开始安装，输入“y”后，开始从镜像网站下载文件，并进行安装和验证，最终完成安装。

3. 查询软件包/软件包组的信息

格式：yum　info　软件包名

功能：查询 RPM 软件包的信息。

格式：yum　groupinfo　软件包组名

功能：查询 RPM 软件包组的信息。

```
[root@localhost~]# yum info vsftpd
Loaded plugins:product -id,refresh -packagekit,security,subscription -manager
This system is not registered to Red Hat Subscription Management.You can use
subscription -manager to register.
Available Packages
Name          :vsftpd
Arch          :x86_64
Version       :2.2.2
Release       :11.el6_4.1
Size          :151 k
Repo          :base
Summary       :Very Secure Ftp Daemon
URL           :http://vsftpd.beasts.org/
License       :GPLv2 with exceptions
Description: vsftpd is a Very Secure FTP daemon.It was written completely from
              :scratch.
```

查询 vsftpd 软件包的信息，YUM 同样首先与软件源进行连接，然后显示 vsftpd 软件的版本信息、文件大小、安装状态、来源软件源、版权信息以及描述信息等。

```
[root@localhost~]# yum groupinfo"Chinese Support"
```

（略）

查询软件包组"Chinese Support"的详细信息。YUM 先与软件源进行连接，然后显示 Chinese Support 软件包组中默认安装的 RPM 软件包及可选安装的软件包等信息。

4. 删除软件包/软件包组

格式：yum　remove　软件包名

功能：删除 RPM 软件包。

格式：yum　groupremove　软件包组名

功能：删除 RPM 软件包组。

```
[root@localhost~]# yum remove vsftpd
```

删除 vsftpd 软件包。YUM 删除软件包时不需要与软件源进行连接，而是首先进行依赖关系检查，分析该软件包删除将影响到哪些软件包，确认被删除软件包占据的磁盘空间大小，并询问是否正式开始删除。输入"y"后，正式开始软件包的删除工作。

5. 查找软件包

格式：yum　search　软件包名

功能：查找 RPM 安装软件包。

```
[root@ localhost yum.repos.d]#  yum search vsftpd
Updating Subscription Management repositories.
Unable to read consumer identity
This system is not registered to Red Hat Subscription Management. You can use
subscription-manager to register.
Last metadata expiration check: 0:08:18 ago on Sat 29 Jan 2022 10:52:51 AM EST.
==========================Name Exactly Matched:vsftpd =============
============
vsftpd.x86_64 : Very Secure Ftp Daemon
```

查找以 vsftpd 命名的软件包的信息，显示 vsftpd 软件的安装名称以及功能。

5.5.4　DNF 软件包管理

DNF 是 dandified yum 的缩写，DNF 也是基于 RPM 的包管理工具，是新一代的 RPM 软件包管理器，在 RHEL 8 中替代 YUM 成为默认的软件包安装工具。DNF 包管理器克服了 YUM 包管理器的一些瓶颈，提升了包括用户体验、内存占用、依赖分析、运行速度等多方面的内容。DNF 的用法与 YUM 几乎完全一样，最简单的方法是将 YUM 替换为 DNF，但出于运行速度的考虑，推荐使用 DNF。

以下为 DNF 的常用命令：

查看系统中可用的 DNF 软件库：

dnf repolist

查看系统中可用和不可用的所有的 DNF 软件库：

dnf repolist all

列出所有 RPM 包：

```
dnf list
```

列出所有安装了的 RPM 包：

```
dnf list installed
```

列出所有可供安装的 RPM 包：

```
dnf list available
```

搜索软件库中的 RPM 包：

```
dnf search nano
```

查看软件包详情：

```
dnf info nano
```

安装软件包：

```
dnf install nano
```

删除软件包：

```
dnf remove nano
```

删除无用孤立的软件包：

```
dnf autoremove
```

删除缓存的无用软件包：

```
dnf clean all
```

获取有关某条命令的使用帮助：

```
dnf help clean
```

查看 DNF 命令的执行历史：

```
dnf history
```

重新安装特定软件包：

```
dnf reinstall nano
```

5.6 磁盘管理

磁盘是文件系统的基础，文件系统是逻辑概念，而磁盘是物理概念，文件系统以磁盘为基础存储文件。磁盘操作管理中，如何掌握系统的磁盘使用情况、挂载新的文件系统、掌握系统的磁盘分区等也是系统管理员的重要工作之一。

磁盘必须先进行分区，然后格式化为某种文件系统，再将之挂载到某一目录（挂载点）上，然后才能使用。

5.6.1 磁盘分区

fdisk 为磁盘分区命令，用来进行创建分区、删除分区、查看分区信息等基本操作，分区管理是一项比较危险的操作，即使是经验丰富的系统管理人员，仍建议在执行分区操作之前备份重要数据。所以对于 Linux 系统，建议在安装操作系统时进行分区操作。下面讨论如何使用 fdisk 工具执行查看现有分区信息以及建立分区和删除分区。

1. 查看分区信息

格式:fdisk　-l　硬盘名称

功能:查看某块硬盘的分区信息,若不带参数,则查看当前设备的分区信息。

```
[root@localhost Desktop]# fdisk -l

Disk/dev/sda:21.5 GB,21474836480 bytes
255 heads,63 sectors/track,2610 cylinders
Units=cylinders of 16065*512=8225280 bytes
Sector size(logical/physical):512 bytes/512 bytes
I/O size(minimum/optimal):512 bytes/512 bytes
Disk identifier:0x0008df54

Device Boot       Start        End      Blocks   Id   System
/dev/sda1   *         1          13      102400   83   Linux
Partition 1 does not end on cylinder boundary.
/dev/sda2            13         536     4194304   83   Linux
Partition 2 does not end on cylinder boundary.
/dev/sda3           536         666     1048576   82   Linux swap/Solaris
Partition 3 does not end on cylinder boundary.
/dev/sda4           666        2611    15625216    5   Extended
/dev/sda5           666         732      524288   83   Linux

Disk/dev/sdb:5368 MB,5368709120 bytes
255 heads,63 sectors/track,652 cylinders
Units=cylinders of 16065*512=8225280 bytes
Sector size(logical/physical):512 bytes/512 bytes
I/O size(minimum/optimal):512 bytes/512 bytes
Disk identifier:0x00000000
```

fdisk 命令首先会显示当前硬盘的名称(/dev/sda)、大小(21.5GB)、磁头数(255)、扇区数(63)和柱面数(2610)等,然后会列出硬盘上各个分区的信息,如是否为活动分区(Boot)、起始柱面号(Start)、结束柱面号(End)、占用的块数(Blocks)、分区号(Id)。

上例中 fdisk 命令显示系统中有两块硬盘,其中/dev/sda 已分区并已使用;/dev/sdb 是一块裸设备,并未进行分区,显示大小为 5368MB。

2. 进入 fdisk 分区界面

格式:fdisk　硬盘名称

功能:进入分区主界面。

要对某个硬盘分区,可以在 fdisk 命令后加上硬盘名称,如/dev/sdb,命令执行后的结果如下所示。

```
[root@localhost Desktop]# fdisk/dev/sdb
Device contains neither a valid DOS partition table,nor Sun,SGI or OSF disklabel
Building a new DOS disklabel with disk identifier 0x98d6dcc1.
Changes will remain in memory only,until you decide to write them.
After that,of course,the previous content won't be recoverable.

Warning:invalid flag 0x0000 of partition table 4 will be corrected by w(rite)

WARNING:DOS -compatible mode is deprecated.It's strongly recommended to
        switch off the mode(command 'c') and change display units to
        sectors(command 'u').

Command(m for help):
```

3. 获取 fdisk 帮助

进入 fdisk 的主界面后，在屏幕下方可输入命令，如果忘记某个命令，可以使用命令 m 获取帮助。输入命令 m 后如下所示。

```
Command(m for help):m
Command action
   a  toggle a bootable flag
   b  edit bsd disklabel
   c  toggle the dos compatibility flag
   d  delete a partition
   l  list known partition types
   m  print this menu
   n  add a new partition
   o  create a new empty DOS partition table
   p  print the partition table
   q  quit without saving changes
   s  create a new empty Sun disklabel
   t  change a partition's system id
   u  change display/entry units
   v  verify the partition table
   w  write table to disk and exit
   x  extra functionality(experts only)

Command(m for help):
```

4. 各个命令的功能

表 5-1 列出了各个命令的功能，可以看到 fdisk 的命令非常多，不过经常使用的就是几个，如果能熟练掌握这几个命令的使用，就足够应付日常的分区操作。

表 5-1　fdisk 的命令

命　　令	功　　能
a	将某个分区设置为活动分区
b	编辑某个分区为 BSD 分区
c	设置某个分区为 DOS 兼容分区
d	删除某个分区
l	列出 Linux 支持的所有分区类型
m	显示帮助信息
n	新建一个分区
o	新建一个空的 DOS 分区表
p	打印分区表
q	退出 fdisk 但不保存改变
s	新建一个空的 SUN 分区
t	修改分区文件系统的类型 ID
u	修改分区大小的显示方式
v	校验分区表
w	退出 fdisk 并保存改变
x	使用额外的专家级功能

5. 新建分区

新建分区可以使用 n 命令。需要注意的是，每个硬盘上只能有四个主分区。如果想要有四个以上分区，可以建立三个主分区，一个扩展分区，再在扩展分区内建立多个逻辑驱动器。只要硬盘容量足够大，逻辑驱动器没有个数限制。

（1）输入 n 命令后，fdisk 首先要求选择新建的分区类型，可以是扩展分区（extended）或主分区（primary partition（1～4））。如果要建立扩展分区，选择 e；如果要建立主分区，选择 p。

（2）选择主分区的编号。

（3）输入分区的起始柱面号。

（4）输入分区的大小，单位可以用结束柱面数或大小来表示。如果单位是结束柱面数，则直接输入数字即可；如果单位是大小，则要使用"＋数字 G""＋数字 M"或"＋数字 K"的格式。在下面的例子中，新建了一个大小为 1GB 的主分区，其余空间分配给扩展分区。

（5）建立了扩展分区后，就可以在扩展分区内建立逻辑驱动器（logical），它的编号从 5 开始。在下面的例子中，在扩展分区中建立了一个 256MB 的逻辑驱动器，扩展分区其余空间则可留作以后再来进行分区使用。

新建一个主分区/dev/sdb1，大小为 1GB：

```
Command(m for help):n
Command action
  e  extended
```

```
  p  primary partition(1 - 4)
p
Partition number(1 - 4):1
First cylinder(1 - 652,default 1):
Using default value 1
Last cylinder,+ cylinders or + size{K,M,G}(1 - 652,default 652):+ 1G
```

新建扩展分区/dev/sdb2,并将剩余空间全部分配给扩展分区：

```
Command(m for help):n
Command action
  e  extended
  p  primary partition(1 - 4)
e
Partition number(1 - 4):2
First cylinder(133 - 652,default 133):
Using default value 133
Last cylinder,+cylinders or+size{K,M,G}(133 - 652,default 652):
Using default value 652
```

在扩展分区/dev/sdb2 内再划分逻辑驱动器/dev/sdb5,大小为 256MB：

```
Command(m for help):n
Command action
  l  logical(5 or over)
  p  primary partition(1 - 4)
l
First cylinder(133 - 652,default 133):
Using default value 133
Last cylinder,+cylinders or+size{K,M,G}(133 - 652,default 652):+ 256M
```

6. 显示分区表

要查看当前硬盘的分区信息可以使用 p 命令,如下所示。

```
Command(m for help):p

Disk/dev/sdb:5368 MB,5368709120 bytes
255 heads,63 sectors/track,652 cylinders
Units=cylinders of 16065*512=8225280 bytes
Sector size(logical/physical):512 bytes/512 bytes
I/O size(minimum/optimal):512 bytes/512 bytes
Disk identifier:0x98d6dcc1

  Device Boot      Start        End      Blocks   Id  System
/dev/sdb1              1        132    1060258+   83  Linux
/dev/sdb2            133        652    4176900     5  Extended
/dev/sdb5            133        166     273073+   83  Linux
```

```
Command(m for help):
```

7. 修改分区文件系统的类型 ID

输入 p 命令后显示硬盘的分区情况,发现已经建立的分区文件系统的类型默认都是 Linux Native,如果需要将其改为其他类型(如 FAT32 或 Linux Swap),可以使用 t 命令修改分区的类型 ID。在下面的例子中,将第一个逻辑驱动器的文件系统类型改为 FAT32(类型 ID 为 c)。如果不清楚 Linux 所支持的分区文件系统的类型 ID 和其对应的分区类型,可以使用 L 命令查看。

```
Command(m for help):t
Partition number(1-5):5
Hex code(type L to list codes):L

0  Empty            24  NEC DOS          81  Minix/old Lin bf  Solaris
1  FAT12            39  Plan 9           82  Linux swap/So c1  DRDOS/sec(FAT-
2  XENIX root       3c  PartitionMagic   83  Linux         c4  DRDOS/sec(FAT-
3  XENIX usr        40  Venix 80286      84  OS/2 hidden C:  c6  DRDOS/sec(FAT-
4  FAT16<32M        41  PPC PReP Boot    85  Linux extended  c7  Syrinx
5  Extended         42  SFS              86  NTFS volume set da  Non-FS data
6  FAT16            4d  QNX4.x           87  NTFS volume set db  CP/M/CTOS/.
7  HPFS/NTFS        4e  QNX4.x 2nd part  88  Linux plaintext de  Dell Utility
8  AIX              4f  QNX4.x 3rd part  8e  Linux LVM      df  BootIt
9  AIX bootable     50  OnTrack DM       93  Amoeba         e1  DOS access
a  OS/2 Boot Manag  51  OnTrack DM6 Aux  94  Amoeba BBT     e3  DOS R/O
b  W95 FAT32        52  CP/M             9f  BSD/OS         e4  SpeedStor
c  W95 FAT32(LBA)   53  OnTrack DM6 Aux  a0  IBM Thinkpad hi eb  BeOS fs
e  W95 FAT16(LBA)   54  OnTrackDM6       a5  FreeBSD        ee  GPT
f  W95 Ext'd(LBA)   55  EZ-Drive         a6  OpenBSD        ef  EFI(FAT-12/16/
10  OPUS            56  Golden Bow       a7  NeXTSTEP       f0  Linux/PA-RISC b
11  Hidden FAT12    5c  Priam Edisk      a8  Darwin UFS     f1  SpeedStor
12  Compaq diagnost 61  SpeedStor        a9  NetBSD         f4  SpeedStor
14  Hidden FAT16<3  63  GNU HURD or Sys  ab  Darwin boot    f2  DOS secondary
16  Hidden FAT16    64  Novell Netware   af  HFS/HFS+       fb  VMware VMFS
17  Hidden HPFS/NTF 65  Novell Netware   b7  BSDI fs        fc  VMware VMKCORE
18  AST SmartSleep  70  DiskSecure Mult  b8  BSDI swap      fd  Linux raid auto
1b  Hidden W95 FAT3 75  PC/IX            bb  Boot Wizard hid fe  LANstep
1c  Hidden W95 FAT3 80  Old Minix        be  Solaris boot   ff  BBT
1e  Hidden W95 FAT1
Hex code(type L to list codes):c
Changed system type of partition 5 to c(W95 FAT32(LBA))

Command(m for help):
```

8. 删除分区

要删除硬盘某个分区，可以使用 d 命令。输入命令 d 后，只要输入要删除的分区编号即可，如下所示。

```
Command(m for help):d
Partition number(1 -5):5

Command(m for help):p

Disk/dev/sdb:5368 MB,5368709120 bytes
255 heads,63 sectors/track,652 cylinders
Units=cylinders of 16065* 512=8225280 bytes
Sector size(logical/physical):512 bytes/512 bytes
I/O size(minimum/optimal):512 bytes/512 bytes
Disk identifier:0x98d6dcc1

Device Boot      Start      End     Blocks    Id  System
/dev/sdb1           1       132     1060258+   83  Linux
/dev/sdb2         133       652     4176900    5  Extended

Command(m for help):w
```

9. 保存改变并退出 fdisk

在 fdisk 里所做的分区操作，如果没有使用 w 命令，都不会将结果保存到硬盘中。当操作结束后可以使用 w 命令保存改变。如果不想保存结果，则可以直接使用 q 命令退出。

5.6.2 格式化文件系统

在创建好磁盘分区后，并不能直接使用该分区，而是要建立该分区的文件系统，以完成该分区的初始化，即格式化。建立各种文件系统的通用命令是 mkfs(make file system)。

格式 1：mkfs. fstype　分区名

格式 2：mkfs　－t　fstype　分区名

其中，fstype 表示将要格式化的文件系统类型。

```
[root@localhost~]# mkfs.ext4/dev/sdb5
mke2fs 1.41.12(17 -May -2010)
Filesystem label=
OS type:Linux
Block size=1024(log=0)
Fragment size=1024(log=0)
Stride=0 blocks,Stripe width=0 blocks
68272 inodes,273072 blocks
13653 blocks(5.00%) reserved for the super user
First data block=1
```

```
Maximum filesystem blocks=67633152
34 block groups
8192 blocks per group,8192 fragments per group
2008 inodes per group
Superblock backups stored on blocks:
8193,24577,40961,57345,73729,204801,221185

Writing inode tables:done
Creating journal(8192 blocks):done
Writing superblocks and filesystem accounting information:done

This filesystem will be automatically checked every 23 mounts or
180 days,whichever comes first.  Use tune2fs -c or -i to override.
```

上例中将分区/dev/sdb5 格式化为 ext4。

5.6.3 挂载与卸载文件系统

磁盘分区是把磁盘分为一个或若干个存储区域，以便让操作系统知道各存储区的大小、使用的文件系统类型等信息。格式化是完成这些存储区的初始化操作，以使这些存储区具有数据存取的条件；在完成这两个步骤之后，还不能对磁盘进行存取操作。虽然这时用 fdisk－l 命令可以看到这些分区的信息，但是它们还是在当前 Linux 操作系统的文件系统管理范围之外。

在 Linux 操作系统中，任何一个文件系统在使用之前，都必须执行文件系统的安装工作；只有安装后的文件系统，用户才能对其进行文件的存取操作。Linux 系统在启动时会根据系统的/etc/fstab 文件自动挂载预设的文件系统以方便用户使用；但是许多版本的 Linux 发行套件并不设置自动挂载光驱中光盘上的文件系统，需要手动挂载。

Linux 系统提供了一对挂载(mount)和卸载(umount)文件系统的命令。用户可以根据需要把新文件系统安装到 Linux 文件系统中的某个挂载点上，这样用户既可以访问系统中原来的文件系统，也可以访问新加入的文件系统，当该文件系统不需要时还可以非常方便地从 Linux 系统中卸载。为了操作系统的安全，这对命令只有管理员才有权限使用。对于管理员而言，在 Linux 系统安装成功后，fdisk 和 mkfs 命令一般只在增加新磁盘时才使用，其他时间很少用到；但随着 USB 接口设备使用的日益普及，挂载与卸载文件系统命令却是每个 Linux 系统管理员都会经常用到的。

1. 命令行方式手动挂载

格式：mount ［选项］ ［设备名］ ［目录］

功能：查看文件系统挂载情况或将磁盘设备挂载到指定的目录。

无选项和参数时，查看当前文件系统的挂载情况，相当于查看/etc/fstab 文件的内容。

有选项和参数时，进行磁盘挂载操作。此时，目录参数为设备的挂载点。挂载点目录可以不为空，但必须已存在。磁盘设备挂载后，该挂载点目录的原文件暂时不能显示且不能访问，取代它的是挂载设备上的文件。原目录上文件待到挂载设备卸载后才能重新访问。

主要选项说明：

—t 文件系统类型 挂载指定的文件系统类型

—r 以只读方式挂载文件系统，默认为读/写方式

—o 挂载选项 对已挂载的文件系统，以“挂载选项”的方式重新挂载

```
[root@localhost~]# mount
/dev/sda2 on/type ext4(rw)
proc on/proc type proc(rw)
sysfs on/sys type sysfs(rw)
devpts on/dev/pts type devpts(rw,gid=5,mode=620)
tmpfs on/dev/shm type tmpfs(rw,rootcontext="system_u:object_r:tmpfs_t:s0")
/dev/sda1 on/boot type ext4(rw)
/dev/sda5 on/home type ext4(rw,usrquota)
/dev/sr0 on/media type iso9660(ro)
none on/proc/sys/fs/binfmt_misc type binfmt_misc(rw)
vmware - vmblock on/var/run/vmblock - fuse type fuse. vmware - vmblock ( rw,
nosuid,nodev,default_permissions,allow_other)
gvfs - fuse - daemon on/root/.gvfs type fuse.gvfs - fuse - daemon(rw,nosuid,nodev)
```

由此可知，系统当前已挂载多个文件系统，其中包括使用 ext4 文件系统的/分区、/boot 分区和/home 分区，也包括使用 tmpfs、proc 等特殊文件系统的分区，还挂载有光盘。

挂载可分为三种方式，即采用分区名挂载、采用卷标挂载及采用 UUID 挂载。其区别在于挂载命令中的设备名采用不同的方式。

(1) 采用分区名进行挂载，将/dev/sdb5 挂载到/data 目录下，并在分区中创建文件。

```
[root@localhost~]# mkdir/data
[root@localhost~]# mount/dev/sdb5/data
[root@localhost~]# cd/data
[root@localhost data]# touch test.txt
[root@localhost data]# ls
lost+found test.txt
```

(2) 采用卷标进行挂载，设置分区/dev/sdb5 的卷标为/disk，并挂载到/data 目录下。

```
[root@localhost~]# e2label/dev/sdb5/disk
[root@localhost~]# mount LABEL=/disk/data
```

(3) 采用 UUID 进行挂载，查看分区/dev/sdb5 的 UUID，并使用 UUID 将之挂载到/data 目录下。

```
[root@localhost~]# blkid
/dev/sda2:UUID="e4b5d5cc - 8335 - 4e59 - 9115 - 914870ae8ba2"TYPE="ext4"
/dev/sda1:UUID="b8a28014 - 833e - 4322 - 8714 - a4dd9fdb076e"TYPE="ext4"
/dev/sda3:UUID="4333409c - e249 - 423d - ac21 - dcccbee09f45"TYPE="swap"
/dev/sda5:UUID="057e9a83 - 6ebf - 4860 - a0c8 - b2954031d338"TYPE="ext4"
/dev/sdb5:LABEL="/disk"UUID="2dd9b621 - 00ae - 4373 - 974b - 1a8d5f555a57"TYPE="ext4"
[root@localhost~]# mount UUID="2dd9b621 - 00ae - 4373 - 974b - 1a8d5f555a57"/data
```

2. 系统启动时自动挂载

采用命令行方式挂载仅当前生效，若系统重启后则无效，如果要永久生效，则需要将之

写到/etc/fstab文件中。Linux系统的文件系统信息都存储在/etc/fstab文件中，在系统引导过程中自动读取并加载该文件中的文件系统。下面为某一系统的fstab文件的内容。

```
# /etc/fstab
# Created by anaconda on Sat Oct 10 03:43:30 2015
#
# Accessible filesystems,by reference,are maintained under '/dev/disk'
# See man pages fstab(5),findfs(8),mount(8) and/or blkid(8) for more info
#
UUID= e4b5d5cc -8335 -4e59 -9115 -914870ae8ba2/      ext4    defaults  1 1
UUID= b8a28014 -833e -4322 -8714 -a4dd9fdb076e/boot  ext4    defaults  1 2
UUID= 057e9a83 -6ebf -4860 -a0c8 -b2954031d338/home  ext4    defaults  1 2
UUID= 4333409c -e249 -423d -ac21 -dcccbee09f45 swap  swap    defaults  0 0
tmpfs                /dev/shm                tmpfs  defaults        0 0
devpts               /dev/pts                devpts  gid=5,mode=620  0 0
sysfs                /sys                    sysfs  defaults        0 0
proc                 /proc                   proc   defaults        0 0
/dev/cdrom           /media                  iso9660  defaults,ro   0 0
```

上例中文件系统的各列组成部分如下所示。

(1) 设备名称。所有存储文件内容的磁盘文件系统都具有此参数，可以使用卷标、UUID或分区名。

(2) 挂载点。此文件系统所在Linux系统完全目录路径下的位置，如存储在根文件系统中的所有挂载点为/，光盘所有内容的挂载点为/media。

(3) 文件系统类型。此文件系统中的文件存储格式，如ext4、swap、iso9660等。

(4) 参数。指定与文件系统相关联的安装选项，各选项间以逗号分隔。这些选项很多，默认的defaults包含参数rw，suid，dev，exec，auto，nouser，async。

(5) 备份频率。指定多长时间使用dump（ext2文件系统备份）命令备份该文件系统1次。如果不设置该字段，则视为不进行备份。

(6) 检查顺序。指定系统引导时使用fsck命令检查文件系统的顺序。根文件系统的值应设置为1，其他文件系统的值设置为2。如果这个字段没有设置或设为0，则fsck命令返回值为0，并假定文件系统不需要检查。

例如，在命令行使用命令mount　/dev/sdb5　/data来手动挂载/dev/sdb5分区，若想要每次重启系统都自动挂载，则可将之写入到/etc/fstab文件中。

```
/dev/sdb5    /data    ext4    defaults    0 0
```

3. 卸载

文件系统使用完毕，需要进行卸载。对于光盘媒体，如果不卸载将无法从光驱中取出光盘。卸载的命令为umount。

格式：umount　设备|目录

功能：卸载指定的设备，既可以使用设备名，也可使用挂载目录名。

例如，卸载/dev/sdb5分区，使用挂载点目录进行卸载。

```
[root@localhost~]# umount/data
[root@localhost~]# cd/data
[root@localhost data]# ls
[root@localhost data]#
```

又如,卸载光盘,使用设备名卸载。

```
[root@localhost data]# umount/dev/cdrom
[root@localhost data]# cd/media
[root@localhost media]# ls
[root@localhost media]#
```

进行卸载操作时,如果挂载设备中的文件正被使用,或者当前目录正是挂载点目录,系统会显示类似 mount:/media:device is busy(设备正忙)的提示信息。用户必须关闭相关文件,或切换到其他目录才能进行卸载操作。

5.7 磁盘配额

5.7.1 磁盘配额简介

磁盘配额是一种磁盘空间的管理机制。使用磁盘配额可限制用户或组在某个特定文件系统中所能使用的最大空间。配额管理会对用户带来一定程度上的不便,但对系统来讲却十分必要。有效的配额管理可以确保用户使用系统的公平性和安全性。

Linux 针对不同的限制对象,可对用户和组分别进行磁盘配额。配额管理文件保存于实施配额管理的那个文件系统的挂载目录中,其中 aquota. user 文件保存用户级配额的内容,而 aquota. group 文件保存组级配额的内容。文件系统可以只采用用户级配额管理或组级配额管理,也可以同时采用用户级和组级配额管理。

根据配额特性的不同,可将配额分为硬配额和软配额,其含义如下。

硬配额是用户和组可使用空间的最大值。用户在操作过程中一旦超出硬配额的界限,系统就发出警告信息,并立即结束写入操作。

软配额也定义用户和组的可使用空间,但与硬配额不同的是,系统允许软配额在一段时期内被超过。这段时间称为过渡期(grace period),默认为 7 天。过渡期到期后,如果用户所使用的空间仍超过软配额,那么用户就不能写入更多文件。通常硬配额大于软配额。

只有 ext 文件系统的分区才能进行配额管理。/home 目录默认包含所有普通用户的家目录,因此对/home 所对应的文件系统进行配额管理,可以有效控制用户对磁盘空间的使用。实施配额管理一般要求独立的/home 分区,而对/分区和/boot 分区不进行配额管理。

5.7.2 配置磁盘配额

系统管理员首先编辑/etc/fstab 文件,指定实施配额管理的分区及其实施配额管理方式,其次执行 quotacheck 命令检查进行配额管理的分区并创建配额管理文件,然后利用 edquota 命令编辑配额管理文件,最后启动配额管理即可。配额管理的相关命令包含如下几个。

1. quotacheck

格式:quotacheck　选项

功能:检查文件系统的配额限制,并可创建配额管理文件。

主要选项说明:

－a　　检查/etc/fstab 文件中进行配额管理的分区

－g　　检查配额管理分区,并可创建 aquota.group 文件

－u　　检查配额管理分区,并可创建 aquota.user 文件

－v　　显示命令的执行过程

2. edquota

格式:edquota　选项

功能:编辑配额管理文件。

主要选项说明:

－u	用户名	设置指定用户的配额
－g	组名	设置指定组的配额
－t		设置过渡期
－p	用户名 1　用户名 2	将用户 1 的配额设置复制给用户 2

3. repquota

格式:repquota　选项

功能:检查磁盘空间限制的状态。

主要选项说明:

－a　　查看所有配额管理

－g　　查看组的配额管理

－u　　查看用户的配额管理

4. quotaon

格式:quotaon　选项

功能:启动配额管理,其主要选项与 quotacheck 命令相同。

主要选项说明:

－a　　启动所有配额管理

－g　　启动组配额管理

－u　　启动用户配额管理

与之相反的 quotaoff 命令可关闭配额管理。

下面举例说明磁盘配额的配置方法。

对/home 分区实施用户级的配额管理,普通用户 jerry 和 jane 的软配额为 100KB,硬配额为 150KB。

(1) 使用文件编辑器编辑/etc/fstab 文件,对/home 所在的行进行修改,添加挂载选项 usrquota。此时/etc/fstab 文件内容如下:

```
# /etc/fstab
# Created by anaconda on Sat Oct 10 03:43:30 2015
#
# Accessible filesystems,by reference,are maintained under '/dev/disk'
# See man pages fstab(5),findfs(8),mount(8) and/or blkid(8) for more info
#
UUID=e4b5d5cc-8335-4e59-9115-914870ae8ba2/      ext4    defaults   1 1
UUID=b8a28014-833e-4322-8714-a4dd9fdb076e/boot  ext4    defaults   1 2
UUID=057e9a83-6ebf-4860-a0c8-b2954031d338/home  ext4    defaults,usrquota  1 2
UUID=4333409c-e249-423d-ac21-dcccbee09f45 swap  swap    defaults   0 0
tmpfs                /dev/shm           tmpfs   defaults        0 0
devpts               /dev/pts           devpts  gid=5,mode=620  0 0
sysfs                /sys               sysfs   defaults        0 0
proc                 /proc              proc    defaults        0 0
/dev/cdrom           /media             iso9660 defaults,ro     0 0
```

（2）重新挂载/home 分区。

```
[root@localhost~]# mount -o remount/home
```

（3）利用 quotacheck 命令创建 aquota. user 文件。

```
[root@localhost~]# quotacheck -avu
quotacheck:Your kernel probably supports journaled quota but you are not using
it.Consider switching to journaled quota to avoid running quotacheck after an
unclean shutdown.
quotacheck:Quota for users is enabled on mountpoint/home so quotacheck might
damage the file.
Please turn quotas off or use -f to force checking.
```

此时，查看/home 目录会发现系统自动创建了用户级的配额管理文件 aquota. user。

```
[root@localhost~]# cd/home
[root@localhost home]# ls
aquota.user  helen  jerry       softlinkfile1  user  user10
file         jane   lost+ found  tommy          user1
```

（4）利用 edquota 命令编辑 aquota. user 文件，设置用户 jerry 的配额。

```
[root@localhost home]# edquota jerry
```

输入此命令后，系统进入 vi 编辑器，显示内容如下：

```
Disk quotas for user jerry(uid 503):
  Filesystem    blocks    soft    hard    inodes    soft    hard
  /dev/sda5       36       0       0        9        0       0
```

由此可知，实施配额管理的文件系统的分区名为/dev/sda5，用户 jerry 已使用 36KB 磁盘空间，已使用 9 个 inode。设置用户 jerry 的软配额，在第三栏(soft)下设置软配额，第四栏(hard)下设置硬配额，默认单位为 KB，如下所示。最后保存修改并退出。

```
Disk quotas for user jerry(uid 503):
  Filesystem    blocks    soft    hard    inodes    soft    hard
  /dev/sda5       36      100     150       9        0       0
```

（5）利用 edquota 命令将用户 jerry 的配额设置复制给 jane 用户。

```
[root@localhost home]# edquota -p jerry jane
```

（6）启动配额管理。

```
[root@localhost home]# quotaon -avu
/dev/sda5 [/home]:user quotas turned on
```

（7）测试用户配额。

设置过用户配额管理的普通用户（jerry 或者 jane）登录后，在家目录中创建文件，当只是超过软配额时，屏幕提示信息如下所示，但当前文件仍能创建成功。

```
[jerry@localhost~]$dd if=/dev/zero of=/home/jerry/file1 bs=1k count=100
100+0 records in
100+0 records out
102400 bytes(102 kB) copied,0.000614125 s,149 MB/s
[jerry@localhost~]$ll file1
-rw-r--r--.1 jerry tom 102400 Mar 10 16:18 file1
```

而如果继续创建文件，一旦超过硬配额，系统将自动终止创建文件，并提示如下信息。

```
[jerry@localhost~]$dd if=/dev/zero of=/home/jerry/file2 bs=1k count=50
sda5:warning,user block quota exceeded.
sda5:write failed,user block limit reached.
dd:writing '/home/jerry/file2':Disk quota exceeded
13+0 records in
12+0 records out
12288 bytes(12 kB) copied,0.000522579 s,23.5 MB/s
[jerry@localhost~]$ll file2
-rw-r--r--.1 jerry tom 12288 Mar 10 16:19 file2
```

此时文件 file2 只创建了 12288 B，并未创建 50 KB，因为用户 jerry 的磁盘配额已使用完。

对/home 文件系统实施组配额管理，方法与用户配额管理类似，只需将对用户的操作改为对组的操作即可。

5.8 逻辑卷管理

5.8.1 逻辑卷简介

安装 Linux 时系统管理员需要确定分区大小，但是精确评估和分配分区容量非常困难。因为不但要考虑到当前每个分区需要的容量，还要预见该分区以后可能需要容量的最大值。如果估计不准确，当某个分区不够用时就必须备份整个系统、格式化硬盘、重新对硬盘分区，然后恢复数据到新分区。整个过程操作繁杂，十分不便。

逻辑卷管理（logical volume manager，LVM）可以很好地解决这一难题。利用逻辑卷管理技术可以自由调整文件系统的大小，可以实现文件系统跨越不同磁盘和分区，大大提高了磁盘分区管理的灵活性。

与逻辑卷管理密切相关的概念如下，其关系如图 5-5 所示。

（1）物理分区(physical partition)：存储空间分配中最小的存储单元。

（2）物理卷(physical volume,PV)：LVM 的基本存储逻辑块，但和基本的物理存储介质相比，包含与 LVM 相关的管理参数。

（3）卷组(volume group,VG)：一个或多个物理卷可整合成一个卷组。

（4）逻辑卷(logical volume,LV)：一个卷组可以划分出一个或多个逻辑卷，用于建立文件系统。

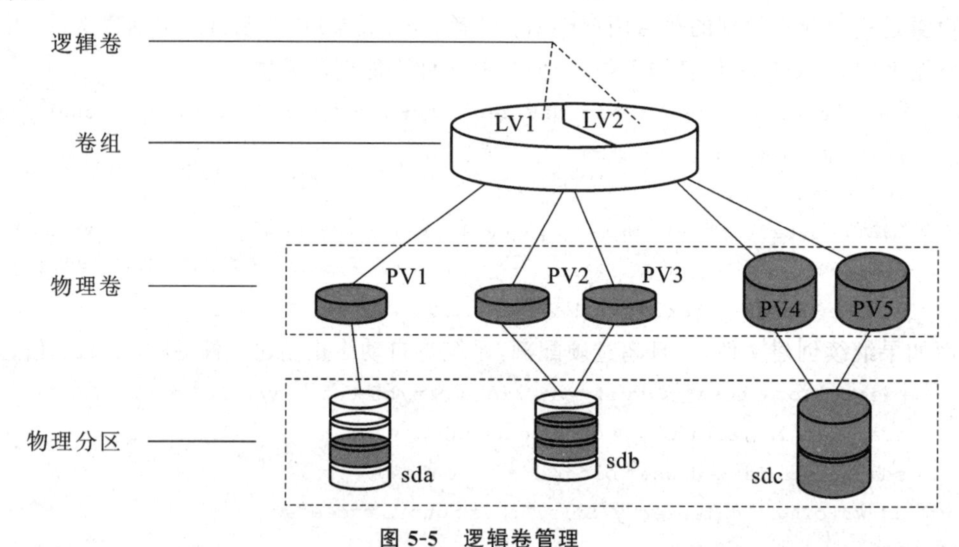

图 5-5　逻辑卷管理

简单而言，LVM 将若干个物理分区连接为一个整块的卷组，然后在卷组上创建逻辑卷，并进一步在逻辑卷上创建文件系统。利用 LVM 可以轻松管理磁盘分区，增加新磁盘时，直接借助 LVM 技术扩展文件系统跨越磁盘即可。

5.8.2　逻辑卷的创建

创建 LV 应从底层开始创建，首先在磁盘上划分一个分区或多个分区，然后分别创建 PV，再建 VG，最后在某个 VG 中创建一定大小的 LV，并对 LV 进行格式化、挂载，就可以对该 LV 进行读写操作了。

1. 划分 Linux 分区

在磁盘上划分一个分区，用来做 LV，但由于 LV 的特殊性，因此需要更改分区文件系统的类型 ID，逻辑卷对应的 ID 为 8e。

例如，在一个 Linux 系统中，目前硬盘的分区情况如下：

/dev/sda1 为/boot 分区；/dev/sda2 为/分区；/dev/sda3 为 swap 分区；/dev/sda4 为扩展分区，并把所有剩余空间都给了扩展分区，在扩展分区中又划分了一个逻辑驱动器/dev/sda5，作为/home 分区。在扩展分区中还有剩余空间，现在在剩余空间中划分分区，用来做 LV。

使用“fdisk/dev/sda”命令划分分区/dev/sda6，大小为 512MB，并转换类型 ID 为 8e。

2. 创建 PV

```
[root@localhost~]# pvcreate/dev/sda6
  Physical volume"/dev/sda6"successfully created
```

创建 PV 成功后,可以使用命令"pvdisplay"查看已创建的 PV。

```
[root@localhost~]# pvdisplay
  "/dev/sda6"is a new physical volume of"516.83 MiB"
   ---NEW Physical volume ---
  PV Name               /dev/sda6
  VG Name
  PV Size               516.83 MiB
  Allocatable           NO
  PE Size               0
  Total PE              0
  Free PE               0
  Allocated PE          0
  PV UUID               lQonV0-YtSU-yfq9-LrfV-0Zd7-nskE-JxcgdW
```

3. 创建 VG

```
[root@localhost~]# vgcreate vg0/dev/sda6
  Volume group"vg0"successfully created
```

创建 VG 成功后,可以使用命令"vgdisplay"查看已创建的 VG。

```
[root@localhost~]# vgdisplay
   ---Volume group ---
  VG Name               vg0
  System ID
  Format                lvm2
  Metadata Areas        1
  Metadata Sequence No  1
  VG Access             read/write
  VG Status             resizable
  MAX LV                0
  Cur LV                0
  Open LV               0
  Max PV                0
  Cur PV                1
  Act PV                1
  VG Size               512.00 MiB
  PE Size               4.00 MiB
  Total PE              128
  Alloc PE/Size         0/0
  Free  PE/Size         128/512.00 MiB
  VG UUID               lcTFBu-J6O2-0mGc-81vg-sxbo-UQGZ-cTOkYp
```

由于一个 VG 也可以由多个 PV 所组成,所以使用命令"vgdisplay —v vg0"来查看 vg0 由哪几个 PV 所组成。

在查看 vg0 的信息中,出现了"PE Size",大小为 4 MB。PE 为"phasical extent"的缩写,为逻辑卷的最小分配单元,LV 的大小应为 PE Size 的整数倍。PE Size 的默认值为 4 MB,

若分区小，则 PE Size 大小为 4 MB；若分区大，则可将 PE Size 设置大一些，但 PE Size 越大越浪费空间。

可在创建 VG 时指定 PE Size 的大小，使用以下命令：

```
vgcreate  -s  16M  vg0  /dev/sda6
```

也可在创建 VG 之后，修改 PE Size 的大小，使用如下命令：

```
vgchange  -s  8M  vg0
```

PE Size 的大小可以从大往小改，但不可以从小往大改。

4. 创建 LV

在 vg0 中创建一个大小为 256 MB 的 LV，并命名为 data。

```
[root@localhost~]# lvcreate -L 256M -n data vg0
  Logical volume "data" created
```

因为 PE Size 为 4MB，所以也可以通过指定 PE 的个数来创建 LV，例如使用如下命令：

```
lvcreate  -l  64  -n  data  vg0
```

创建 LV 成功后，可以使用命令“lvdisplay”查看已创建的 LV。

注意 LV 的命名：/dev/vg0/data。

```
[root@localhost~]# lvdisplay
   ---Logical volume ---
  LV Path                /dev/vg0/data
  LV Name                data
  VG Name                vg0
  LV UUID                65wEyF-CiXv-t9yA-r5qf-hlAD-33k9-qMVhLP
  LV Write Access        read/write
  LV Creation host,time localhost.localdomain,2016-03-10 16:35:08 + 0800
  LV Status              available
  # open                 0
  LV Size                256.00 MiB
  Current LE             64
  Segments               1
  Allocation             inherit
  Read ahead sectors     auto
   -currently set to     256
  Block device           253:0
```

5. 格式化 LV

新创建的 LV 需要格式化为某种文件系统类型，可使用如下命令进行格式化。

```
[root@localhost~]# mkfs.ext4/dev/vg0/data
mke2fs 1.41.12(17-May-2010)
Filesystem label=
OS type:Linux
Block size=1024(log=0)
Fragment size=1024(log=0)
Stride=0 blocks,Stripe width=0 blocks
```

```
65536 inodes,262144 blocks
13107 blocks(5.00% ) reserved for the super user
First data block=1
Maximum filesystem blocks=67371008
32 block groups
8192 blocks per group,8192 fragments per group
2048 inodes per group
Superblock backups stored on blocks:
8193,24577,40961,57345,73729,204801,221185

Writing inode tables:done
Creating journal(8192 blocks):done
Writing superblocks and filesystem accounting information:done

This filesystem will be automatically checked every 24 mounts or
180 days,whichever comes first.  Use tune2fs -c or -i to override.
```

6. 挂载

先把挂载条目写入文件/etc/fstab 中，然后执行命令“mount－a”，以保证每次开机均生效。

```
# /etc/fstab
# Created by anaconda on Sat Oct 10 03:43:30 2015
#
# Accessible filesystems,by reference,are maintained under '/dev/disk'
# See man pages fstab(5),findfs(8),mount(8) and/or blkid(8) for more info
#
UUID=e4b5d5cc-8335-4e59-9115-914870ae8ba2/       ext4    defaults   1 1
UUID=b8a28014-833e-4322-8714-a4dd9fdb076e/boot  ext4    defaults   1 2
UUID=057e9a83-6ebf-4860-a0c8-b2954031d338/home  ext4 defaults,usrquota  1 2
UUID=4333409c-e249-423d-ac21-dcccbee09f45 swap  swap    defaults   0 0
tmpfs               /dev/shm            tmpfs    defaults          0 0
devpts              /dev/pts            devpts   gid=5,mode=620    0 0
sysfs               /sys                sysfs    defaults          0 0
proc                /proc               proc     defaults          0 0
/dev/cdrom          /media              iso9660  efaults,ro      0 0
/dev/vg0/data       /mnt                ext4     defaults          0 0
```

该文件的最后一行为新写入的 LV 挂载条目，挂载点为/mnt 目录。

```
[root@localhost~]# mount -a
[root@localhost~]# df -h
Filesystem          Size  Used  Avail  Use%   Mounted on
/dev/sda2           4.0G  3.1G  693M   82%    /
tmpfs               932M  224K  932M   1%     /dev/shm
/dev/sda1           97M   34M   59M    37%    /boot
```

```
/dev/sda5             504M    18M   462M   4%    /home
/dev/sr0              3.6G    3.6G  0      100%  /media
/dev/mapper/vg0-data  248M    11M   226M   5%    /mnt
```

挂载后，执行“df -h”命令可查看到该 LV 已被挂载，可以进入/mnt 目录对该 LV 进行读写操作。

5.8.3 逻辑卷的拉伸

在 Linux 系统下逻辑卷的使用使得管理文件系统变得非常容易，虽然配置 LV 略显麻烦，但是如果日后数据进一步增大，则只需要简单地使用 lvextend 命令给逻辑卷增加容量即可，这种拉伸不需要重启计算机，可以在线拉伸，也就是无须卸载文件系统。

对某 LV 的容量进行拉伸，首先查看该 LV 所在的 VG 的容量是否还有剩余。如果有，则直接把 VG 中的空间拉伸给 LV；若没有，则可以再划分一个分区，并创建 PV，将 PV 拉伸至 VG，再将该 VG 中的空间拉伸给 LV。

注意：LV 的拉伸空间只能来自它所在的 VG，不能从其他的 VG 中拉伸。

例如，根据系统的需要，要将逻辑卷/dev/vg0/data 的空间拉伸至 512MB。

1. 查看 VG

```
[root@localhost~]# vgdisplay vg0
  ---Volume group---
  VG Name                 vg0
  System ID
  Format                  lvm2
  Metadata Areas          1
  Metadata Sequence No    2
  VG Access               read/write
  VG Status               resizable
  MAX LV                  0
  Cur LV                  1
  Open LV                 1
  Max PV                  0
  Cur PV                  1
  Act PV                  1
  VG Size                 512.00 MiB
  PE Size                 4.00 MiB
  Total PE                128
  Alloc PE/Size           64/256.00 MiB
  Free  PE/Size           64/256.00 MiB
  VG UUID                 lcTFBu-J6O2-0mGc-81vg-sxbo-UQGZ-cTOkYp
```

发现逻辑卷/dev/vg0/data 所在的 vg0 正好还有 256MB 的剩余空间。

2. 拉伸 LV

```
[root@localhost~]# lvextend -L 512M/dev/vg0/data
  Extending logical volume data to 512.00 MiB
  Logical volume data successfully resized
```

这里的拉伸命令写法有两种:“512M”表示拉伸至 512 M;也可以写成“+256 M”,表示拉伸 256 M,因为逻辑卷/dev/vg0/data 已经有 256 M 了,要拉伸至 512 M,还需拉伸 256 M。

3. 写入文件系统特性

空间拉伸之后,还要往新增加的空间中写入文件系统特性。

```
[root@localhost~]# resize2fs/dev/vg0/data
resize2fs 1.41.12(17 -May -2010)
Filesystem at/dev/vg0/data is mounted on/mnt;on -line resizing required
old desc_blocks=1,new_desc_blocks=2
Performing an on -line resize of/dev/vg0/data to 524288(1k) blocks.
The filesystem on/dev/vg0/data is now 524288 blocks long.
```

4. 查看 LV 大小

```
[root@localhost~]# df -h
Filesystem              Size   Used   Avail   Use%    Mounted on
/dev/sda2               4.0G   3.1G   693M    82%     /
tmpfs                   932M   224K   932M    1%      /dev/shm
/dev/sda1               97M    34M    59M     37%     /boot
/dev/sda5               504M   18M    462M    4%      /home
/dev/sr0                3.6G   3.6G   0       100%    /media
/dev/mapper/vg0 -data   496M   11M    461M    3%      /mnt
```

逻辑卷大小为 496M,在误差范围内。

如果 vg0 已无剩余空间,则重新划分分区/dev/sda7,创建 PV,并使用命令“vgextend vg0/dev/sda7”将新增的空间拉伸至 vg0,后面的做法就和以上一致了。

5.8.4 逻辑卷的减小

LV 也可以减小空间,但减小有风险,不能离线减小,必须先卸载文件系统。对于/分区,只能增加不能减小。下面通过具体例子介绍逻辑卷减小的操作步骤。

例如,要将逻辑卷/dev/vg0/data 的大小减小到 400MB。

1. 卸载

输入 umount/mnt 命令卸载逻辑卷/dev/vg0/data。

2. 扫描文件系统

扫描文件系统的目的是将分散的空闲区集中。

```
[root@localhost~]# e2fsck -f/dev/vg0/data
e2fsck 1.41.12(17 -May -2010)
Pass 1:Checking inodes,blocks,and sizes
```

```
Pass 2:Checking directory structure
Pass 3:Checking directory connectivity
Pass 4:Checking reference counts
Pass 5:Checking group summary information
/dev/vg0/data:11/131072 files(0.0%  non -contiguous),27041/524288 blocks
```

3. 减文件系统

```
[root@localhost~]# resize2fs/dev/vg0/data 400M
resize2fs 1.41.12(17 -May -2010)
Resizing the filesystem on/dev/vg0/data to 409600(1k) blocks.
The filesystem on/dev/vg0/data is now 409600 blocks long.
```

4. 减 LV

```
[root@localhost~]# lvreduce -L 400M/dev/vg0/data
  WARNING:Reducing active logical volume to 400.00 MiB
  THIS MAY DESTROY YOUR DATA(filesystem etc.)
Do you really want to reduce data? [y/n]:y
  Reducing logical volume data to 400.00 MiB
  Logical volume data successfully resized
```

减小的空间加到了该 LV 所在的卷组 vg0 上。

5. 挂载查看

```
[root@localhost~]# mount/dev/vg0/data/mnt
[root@localhost~]# df -h
Filesystem              Size   Used   Avail   Use%   Mounted on
/dev/sda2               4.0G   3.1G   693M    82%    /
tmpfs                   932M   224K   932M    1%     /dev/shm
/dev/sda1               97M    34M    59M     37%    /boot
/dev/sda5               504M   18M    462M    4%     /home
/dev/sr0                3.6G   3.6G   0       100%   /media
/dev/mapper/vg0 -data   388M   11M    358M    3%     /mnt
```

5.8.5 逻辑卷的删除

创建 LV 时是从下往上创建的，删除 LV 则应从上往下删除整个结构。

例如，要将逻辑卷/dev/vg0/data 删除，具体操作步骤如下。

1. 卸载

使用命令“umount/mnt”卸载逻辑卷/dev/vg0/data。

2. 将 LV 变为非活动状态

使用命令“lvchange－a n/dev/vg0/data”将逻辑卷/dev/vg0/data 变为非活动状态。

3. 删除 LV

使用命令“lvremove/dev/vg0/data”删除逻辑卷/dev/vg0/data。

4. 删除 VG

使用命令“vgremove vg0”删除卷组 vg0。

5. 删除 PV

使用命令“pvremove/dev/sda6”删除物理卷/dev/sda6。

此时分区/dev/sda6 还是存在的，只是将整个 LV 结构删除了。

本章小结

文件系统是操作系统的重要组成部分，Linux 的文件系统功能非常强大。本章介绍了文件系统的概念、基本的文件管理命令、磁盘分区的概念、软件包的管理及逻辑卷管理等内容。

Linux 基本文件系统包括 ext4、swap、tmpfs、devpts、sysfs 和 proc；Linux 支持的文件系统包括 vfat、ntfs、sys V 和 iso9660 等。Linux 系统的目录结构为树型结构，一切从根开始。

进行文件管理的 Shell 命令主要包括复制和移动文件、创建和删除文件、查找和处理文件及显示文件大小等。

文件由 inode 和 data block 两部分组成。文件系统通常会将这两部分的数据分别存放在不同的块，权限与属性放置到 inode(索引节点)中，至于实际数据则放置到 data block 块中。另外，还有一个超级块(super block)会记录整个文件系统的整体信息，包括 inode 与 block 的总量、使用量及剩余量等。

文件类型包括普通文件、目录文件、设备文件及链接文件等，链接文件又分硬链接和软链接两种。

文件的打包和压缩命令包括 tar、gzip、bzip2、zip 及 unzip 等。

Linux 系统中主要的软件包管理工具有 RPM 和 YUM，一般使用 RPM 进行查询，使用 YUM 进行安装，二者配合起来使用。

磁盘是文件系统的基础，文件系统是逻辑概念，而磁盘是物理概念，文件系统以磁盘为基础存储文件。磁盘操作管理中，如何掌握系统的磁盘使用情况、挂载新的文件系统、掌握系统的磁盘分区等也是系统管理员的重要工作之一。磁盘必须先进行分区，然后格式化为某种文件系统，再将之挂载到某一目录(挂载点)上，然后才能使用。

磁盘配额是一种磁盘空间的管理机制。使用磁盘配额可限制用户或组在某个特定文件系统中所能使用的最大空间。

利用逻辑卷管理技术可以自由调整文件系统的大小，可以实现文件系统跨越不同磁盘和分区，大大提高了磁盘分区管理的灵活性。逻辑卷的主要操作包括创建、拉伸、减小和删除等。

习题

1. 选择题

（1）在创建 Linux 分区时，一定要创建哪两个分区？（　）
A. FAT/NTFS　B. FAT/SWAP　C. NTFS/SWAP　D. SWAP/根分区

（2）当使用 mount 命令进行设备或文件系统挂载的时候，需要用到的设备名称位于哪个目录？（　）
A. /usr　B. /dev　C. /home　D. /etc

（3）Linux 文件权限一共 10 位长度，分成四段，第三段表示的内容是什么？（　）
A. 文件类型　B. 文件拥有人的权限
C. 文件拥有组的权限　D. 其他用户的权限

（4）在使用 mkdir 命令创建新的目录时，在其父目录不存在时先创建父目录的选项是哪个？（　）
A. －m　B. －d　C. －f　D. －p

（5）下列关于/etc/fstab 文件描述，正确的是哪个？（　）
A. fstab 文件只能描述属于 Linux 的文件系统
B. CD_ROM 必须是自动加载的
C. fstab 文件中描述的文件系统不能被卸载
D. 启动时按 fstab 文件描述内容加载文件系统

（6）Linux 文件系统中，文件在外存的物理地址放在哪里？（　）
A. inode　B. 用户打开文件表
C. 系统打开文件表　D. 进程控制块

（7）为卸载一个软件包，应使用哪个命令？（　）
A. rpm －i　B. rpm －e　C. rpm －q　D. rpm －v

（8）光盘所使用的文件系统类型为以下哪一个？（　）
A. ext3　B. ext4　C. swap　D. iso9660

（9）以下关于/etc/fstab 文件的描述正确的是哪个？（　）
A. 系统启动后，由系统自动产生
B. 用于管理文件系统信息
C. 用于设置命名规则，是否使用可以用 TAB 来命名一个文件
D. 保存硬件信息

（10）如何删除一个非空目录/tmp？（　）
A. del /tmp/*　B. rm －rf /tmp
C. rm －Ra /tmp/*　D. rm －f /tmp

2. 问答题

（1）什么是链接？硬链接与软链接的区别是什么？
（2）简述 YUM 仓库的配置过程。
（3）简述逻辑卷的创建过程。

第 6 章 进程管理

进程是 Linux/UNIX 系统中非常重要的概念，在操作系统原理课程中也进行了重点学习，主流操作系统中几乎无一例外地应用了进程概念。Linux 提供功能强大的进程管理命令，多用户的网络操作系统管理员熟练掌握 Linux 系统下常用的进程管理，可以高效率地进行系统的管理。

6.1 进程控制

6.1.1 进程

1. 进程的概念

创建进程的目的，就是使多个程序可以并发地执行，从而提高系统的资源利用率和吞吐量。进程(process)是指程序实体的运行过程，是系统进行资源分配和调度的独立单位，或者说是一个程序在处理机上的一次执行活动。虽然在不同操作系统原理教材中，对进程的定义不一样，但原理都是一致的，只是角度不同。

进程和程序是两个容易混淆的概念，它们是不同的，下面是对这两个概念的比较。

程序只是一个静态的指令集合；而进程是一个程序的动态执行过程，它具有生命期，是动态产生和消亡的。程序不能申请系统资源，不能被系统调度，也不能作为独立运行的单位，因此，它不占用系统的运行资源。

程序和进程无一一对应的关系。一方面，一个程序可以由多个进程所共用，即一个程序在运行过程中可以产生多个进程；另一方面，一个进程在生命期内可以顺序地执行若干个程序。

2. 进程的属性

与 Windows 系统一样，在 Linux 系统中也总是有很多进程同时在运行，每个进程都有一个识别号，叫作 PID(process ID)，它是进程最重要的属性之一，PID 用以区分不同的进程。除了 PID 之外，进程还有其他属性：拥有人 ID、进程名、进程状态、父进程 ID 及进程运行时间等。

从 Linux 操作系统的启动过程看，系统启动后第一个运行的进程是 init，它的 PID 是 1，init 是唯一一个由系统内核直接运行的进程。新的进程可以用系统调用“fork”来产生，就是由一个已经存在的进程来创建新进程，已经存在的进程是新产生进程的父进程，新进程是产生它的进程的子进程。除了 init 之外，每一个进程都有父进程。当系统启动以后，init 进程会创建 login 进程，等待用户登录系统，login 进程是 init 进程的子进程。当用户登录系统后，login 进程就会为用户启动 Shell——bash 进程，bash 进程就是 login 进程的子进程，而此后用户运行的进程都是由 bash 进程产生出来的，所以说 bash 进程是所有用户进程的父进程，而 init 是系统所有进程的父进程。

3. 进程的状态

Linux 系统中的进程具有以下基本状态。

就绪状态：进程已获得除 CPU 以外的运行所需的全部资源。

运行状态：进程占用 CPU 正在运行。

等待状态：进程正在等待某一事件或某一资源。

除了以上三种基本状态以外，Linux 系统还描述了进程的以下状态。

挂起状态：正在运行的进程，因为某个原因失去 CPU 而暂时停止运行。

终止状态：进程已结束。

休眠状态：进程主动暂时停止运行。

僵死状态：进程已停止运行，但是相关控制信息仍保留。

4. 进程的优先级

Linux 系统中所有进程根据其所处状态，按照时间顺序排列形成不同的队列。系统按一定的策略进行调度就绪队列中的进程。若用户因为某种原因希望尽快完成某个进程，可通过修改进程的优先级来改变其在队列中的排列顺序，从而尽快得以运行。

进程优先级的取值范围为－20～19 之间的整数，取值越小，优先级越高，默认为 0。进程拥有人或超级用户有权修改进程的优先级，但普通用户只能调低优先级，而超级用户既可以调低也可以调高优先级。

5. 进程的类型

可将运行在 Linux 系统中的进程分为以下三种不同的类型。

(1) 系统进程：是操作系统启动后，系统环境平台运行所加载的进程，它不与终端或用户关联。

(2) 用户进程：与终端相关联，使用一个用户 ID，是由用户所执行的进程。

(3) 守护进程：没有屏幕提示，只是在后台等待用户或系统的请求，网络多用户系统工作绝大多数是通过守护进程实现的。

以上三种进程各有各自的特点、作用和不同的使用场合。

6.1.2 进程控制命令

1. ps

格式：ps ［选项］

功能：显示进程的信息。无选项时显示当前用户在当前终端启动的进程。

主要选项说明：

－a　　显示当前终端的所有进程

－A　　显示系统所有进程，包括其他用户进程和系统进程信息

－l　　显示进程的详细信息，包括父进程 PID、进程优先级等

u　　显示包括进程的拥有人在内的详细信息

x　　　　　显示后台进程的信息
o　　输出项　显示用户自定义的进程信息,输出项之间用“,”隔开
－t　终端号　显示指定终端上的进程信息

```
[root@localhost ~ ]# ps - l
F S  UID    PID   PPID  C PRI  NI ADDR SZ WCHAN  TTY          TIME CMD
0 S  0  3776  3774  0  80  0 -27119 wait  pts/0    00:00:00 bash
4 R  0  4864  3776  0  80  0 -27034-       pts/0    00:00:00 ps
```

主要输出项说明:

S　　进程状态,其中R表示运行状态;S表示休眠状态;T表示暂停或终止状态;Z表示僵死状态
UID　进程拥有人的UID
PID　进程PID
PPID　父进程的PID
NI　进程的优先数
SZ　进程占用内存空间的大小,以KB为单位
TTY　进程所在终端的终端号,其中桌面环境的终端窗口表示为pts/0,字符界面的终端号为tty1～tty6
TIME　进程已运行的时间
CMD　启动该进程的Shell命令

```
[root@localhost ~ ]# ps u
USER    PID %CPU %MEM   VSZ   RSS TTY     STAT START   TIME COMMAND
root   3168  0.0  0.0  4064   532 tty2    Ss+  04:35   0:00/sbin/mingetty
root   3170  0.0  0.0  4064   532 tty3    Ss+  04:35   0:00/sbin/mingetty
root   3172  0.0  0.0  4064   536 tty4    Ss+  04:35   0:00/sbin/mingetty
root   3178  0.0  0.0  4064   532 tty5    Ss+  04:35   0:00/sbin/mingetty
root   3180  0.0  0.0  4064   536 tty6    Ss+  04:35   0:00/sbin/mingetty
root   3208  1.0  2.0 169916 38544 tty1   Ss+  04:35   2:35/usr/bin/Xorg
root   3776  0.0  0.0 108476  1868 pts/0  Ss   04:36   0:00/bin/bash
root   4865  1.0  0.0 110244  1136 pts/0  R+   08:42   0:00 ps u
```

主要输出项说明:

%CPU　CPU的使用率
%MEM　内存的使用率
VSZ　进程占用虚拟内存的大小
STAT　进程的状态
START　进程的开始时间

2. pstree

格式:pstree　[选项]

功能:以树型图形式显示进程之间的相互关系。

主要选项说明:

－a　　显示启动进程的命令行

－n　　按照进程号进行排序

系统启动过程中最先执行 init 进程，其 PID 为 1，然后再启动其他子进程，如 NetworkManager、abrtd 等，进而再启动其他子进程，构成进程树型结构。

3. top

格式：top

功能：实时显示系统中的进程状态，包括显示 CPU 利用率、内存利用率、进程状态等系统信息。

top 命令一旦运行就会持续不断地更新显示内容，这为系统管理员提供了实时监控系统进程的功能。

```
top - 08:43:59 up  4:09,  2 users,  load average:0.08,0.04,0.00
Tasks:185 total,  1 running,184 sleeping,   0 stopped,   0 zombie
Cpu(s):11.4% us,1.1% sy,0.0% ni,87.5% id,0.0% wa,0.0% hi,0.0% si,0.0% st
Mem:   1907576k total,   619040k used,  1288536k free,    34660k buffers
Swap:  1048568k total,        0k used,  1048568k free,   225976k cached

  PID USER      PR  NI  VIRT  RES  SHR S %CPU %MEM    TIME+  COMMAND
 3208 root      20   0  198m  37m 9600 S 11.6  2.0   2:43.08 Xorg
 3774 root      20   0  293m  13m 9740 S  5.0  0.7   0:35.26 gnome- terminal
 4870 root      20   0 15036 1292  944 R  0.7  0.1   0:00.26 top
 2156 root      20   0  172m 7676 4460 S  0.3  0.4   0:36.69 vmtoolsd
    1 root      20   0 19364 1540 1232 S  0.0  0.1   0:02.37 init
    2 root      20   0     0    0    0 S  0.0  0.0   0:00.02 kthreadd
    3 root      RT   0     0    0    0 S  0.0  0.0   0:00.00 migration/0
    4 root      20   0     0    0    0 S  0.0  0.0   0:00.63 ksoftirqd/0
    5 root      RT   0     0    0    0 S  0.0  0.0   0:00.00 migration/0
    6 root      RT   0     0    0    0 S  0.0  0.0   0:00.09 watchdog/0
    7 root      20   0     0    0    0 S  0.0  0.0   0:08.98 events/0
    8 root      20   0     0    0    0 S  0.0  0.0   0:00.00 cgroup
    9 root      20   0     0    0    0 S  0.0  0.0   0:00.01 khelper
   10 root      20   0     0    0    0 S  0.0  0.0   0:00.00 netns
   11 root      20   0     0    0    0 S  0.0  0.0   0:00.00 async/mgr
   12 root      20   0     0    0    0 S  0.0  0.0   0:00.00 pm
```

在上例中，上部是统计系统的资源使用情况，中下部是以列表形式并以固定间隔时间刷新实时显示的系统进程运行状态。使用 top 命令可以得知许多系统信息，例如，进程已启动的时间、目前登录的用户人数、进程的个数以及单个进程的数据等。

在 top 环境中常用的功能如下。

1）排序

在默认的情况下，top 会按照进程使用 CPU 时间来周期性地刷新内容。但是，用户也可以按照内存使用率或执行时间进行排序。

① 按 P 键：根据 CPU 使用时间的多少来排序。

② 按 M 键：根据内存的使用量的多少来排序。

③ 按 T 键：根据进程的执行时间的长短来排序。

2）监视指定用户

因为 top 命令显示的数据很多，所以从中找出用户所需要的数据很不方便，top 命令提供了查看指定用户进程的功能。

在 top 环境中，按 U 键，在屏幕上部显示了“Which user(blank for all)：”提示，输入要监视的用户名，则 top 只显示指定的用户进程信息。

3）指定刷新时间

在 top 中可以指定实时显示的刷新时间，可以使用“－d”参数。例如，要将刷新时间设为 1 秒，则在进入 top 时执行如下命令：

```
[root@localhost~]# top -d 1
```

4）删除指定的进程

以管理员或进程拥有人身份可以在 top 命令中查找异常的进程（占系统太多的资源），从而终止并删除它，其操作步骤如下。

① 在 top 下，查看异常进程的 PID，然后按 K 键。

② 画面上部的提示符会出现“PID to kill：”，输入要删除的 PID。

③ 输入要删除的 PID 后按回车键，则出现“kill PID 2329 with signal [15]：”信息（其中 2329 是用户要删除的进程 PID），此时直接按回车键或输入“15”后再按回车键，则以默认的 kill 参数 15 进行删除。

④ 若无法删除，则重新进行以上操作，输入“9”后再按回车键，则强制删除。

5）查阅帮助

在 top 环境下，可以直接按“?”或“H”键，系统会显示详细的帮助内容，按 Ctrl＋C 组合键离开。

6）退出 top 环境

在 top 实时显示的状态下，按 Q 键退出 top 环境。

4. kill

格式 1：kill [选项] PID

格式 2：kill % 作业号

功能：终止正在运行的进程或作业。超级用户可终止所有的进程，普通用户只能终止自己启动的进程。

主要选项说明：

－15　正常结束

－9　强制终止进程

－1　重新加载配置文件

5. nice 和 renice

格式：nice －n 优先数 命令名

功能：在进程运行前更改优先级。

格式：renice 优先数 PID

功能：在进程运行中更改优先级。

6.2 作业控制

6.2.1 作业

正在执行的一个或多个相关进程可形成一个作业。使用管道命令和重定向命令，一个作业可启动多个进程。例如，cat/etc/passwd | grep root | wc －l 作业就同时启动了 cat、grep 和 wc 三个进程。

根据作业运行方式不同，可将作业分为以下两大类。

前台作业：运行于前台，用户正对其进行交互操作。

后台作业：运行于后台，不接收终端的输入，但向终端输出执行结果。

作业既可以在前台运行，也可以在后台运行，但在同一时刻，每个虚拟终端只能有一个前台作业。

6.2.2 作业控制命令

1. 作业启动方式

启动作业的方式可以分为手动启动和调度启动两种。

手动启动是指由用户输入 Shell 命令后直接启动作业，又可分为前台启动和后台启动。用户输入 Shell 命令行后按回车键就启动了一个前台作业。这个作业可能同时启动了多个前台进程。而在 Shell 命令行的末尾加上“&”符号，再按回车键，就将启动一个后台作业。

调度启动是系统按用户要求的时间或方式执行特定的进程，可分为 at 调度、batch 调度和 cron 调度。

2. 作业的前后台切换

利用 bg 命令和 fg 命令可以实现前台作业和后台作业之间的相互转换。将正在运行的前台作业切换到后台，功能上与在 Shell 命令行的末尾加上“&”符号相似。

1) 快捷键 Ctrl＋Z

快捷键 Ctrl＋Z 的功能为暂时把当前作业挂起到后台，挂起后的作业将不进行任何操作。操作格式为：

当前作业的前台运行下按 Ctrl＋Z。

例如，输入命令“vim file”，并按 Ctrl＋Z 组合键将其挂起到后台，输入命令“cp －r/etc .”，并按 Ctrl＋Z 组合键将其挂起到后台。

2) jobs

格式：jobs ［选项］

功能：显示当前所有的作业。

主要选项说明：

－p　仅显示进程号

－l　显示进程号和作业号

```
[root@localhost~]# jobs -l
[1]-  5258 Stopped  vim file
[2]+  5299 Stopped  cp -i -r/etc .
```

显示信息的第一列表示作业号，第二列表示进程的 PID，第三列表示作业的工作状态，第四列表示产生该作业的 Shell 命令。

3) bg

格式：bg [作业号]

功能：将前台作业切换到后台运行。若未指定作业号，则将当前作业切换到后台。

```
[root@localhost~]# bg 1
[1] -vim file &
```

将“vim file”作业切换到后台。

4) fg

格式：fg [作业号]

功能：将后台作业切换到前台运行。若未指定作业号，则将后台作业序列中的第一个作业切换到前台运行。

```
[root@localhost~]# fg 1
vim file
```

将“vim file”作业切换到前台，将会打开 vi 编辑器继续编辑。

6.3 计划任务

Linux 系统允许用户根据需要在指定的时间自动地运行指定的进程，也允许用户将非常消耗资源和时间的进程安排到系统比较空闲的时间来执行。进程调度有利于提高资源的利用率，均衡系统负载，并提高系统管理的自动化程度。这种进程调度功能称为计划任务。常用的计划任务有两种：at 与 cron。

6.3.1 at

假如要让某一特定任务仅运行一次便从进程中删除，则可以使用 at 计划任务。

使用 at 命令前需要启动 atd 守护进程，命令如下：

```
# systemctl status atd.service                    //查询 atd 状态
# systemctl start atd.service                     //启动 atd 服务
```

格式：at [选项] [时间]

功能：设置与管理 at 计划任务。

主要选项说明：

-l　　显示等待执行的调度作业

-d 任务号　　删除指定的计划任务

进程的执行时间可采用以下方法表示。

1) 绝对计时法

HH:MM：指定具体的时间，默认采用 24 小时计时制。若采用 12 小时计时制，则时间后面需加上 AM(上午)或 PM(下午)。

MMDDYY、MM/DD/YY、DD. MM. YY:指定具体的日期,必须写在具体时间之后。年份可用两位数字表示,也可用四位数字表示。

2) 相对及时法

now+时间间隔:时间单位为 minutes(分钟)、hours(小时)、days(天)、weeks(星期)。

3) 直接计时法

today(今天)、tomorrow(明天)、midnight(深夜)、noon(中午)、teatime(下午4点)。

例如,设置 at 计划任务,要求在 2021 年 12 月 31 日 23 时 59 分向登录在系统上的所有用户发送"Happy New Year!"信息。

```
[root@localhost~]# at 23:59 12312021
at>wall Happy New Year!
at><EOT>
job 5 at 2021-12-31 23:59
```

输入 at 命令后出现"at>"提示符,等待用户输入将执行的命令。输入完成后按 Ctrl+D 组合键结束,屏幕将显示该 at 计划任务的执行时间。

查看 at 计划任务:

```
[root@localhost~]# at -l
5   2021-12-31 23:59 a root
```

普通用户只能查看自己的 at 计划任务,超级用户能够查看系统中所有的 at 计划任务。

删除 at 计划任务:

```
[root@localhost~]# at -d 5
[root@localhost~]# at -l
[root@localhost~]#
```

注意:at 命令下执行的结果不会在终端窗口输出。

用户可以使用 at 命令设置一次性计划任务,也可以控制哪些用户可以使用计划任务(在白名单中),哪些用户不可以使用计划任务。

at 一次性计划任务的白名单是 at. allow,黑名单是 at. deny。不建议既使用白名单,又使用黑名单。

```
at.allow (/etc/at.allow)
at.deny (/etc/at.deny)
```

建议使用白名单,at. allow 的优先级高于 at. deny,即如果 user 既在白名单中又在黑名单中,则 user 可以执行 at 命令。

在 RHEL 8 系统中默认没有 at. allow 文件,可以自己创建。

将用户 user 添加到黑名单:

```
[root@ localhost ~ ]# cat /etc/at.deny
user
[root@ localhost ~ ]# su-user
[user@ localhost ~ ]$ at
You do not have permission to use at.
```

6.3.2 cron

at 计划任务中指定的命令只能执行一次。但在实际的系统管理工作中，有些任务需要在指定的日期和时间重复执行，即周期性任务。例如，每天例行的数据备份。cron 计划任务正可以满足这种需求。cron 计划任务与 crond 进程、crontab 命令和 crontab 配置文件有关。

1. crontab 配置文件

crontab 配置文件保存在/var/spool/cron 目录中，其文件名与用户名相同。也就是说，jerry 用户的 crontab 配置文件为/var/spool/cron/jerry。

crontab 配置文件包里 cron 计划任务的内容，每行表示一个计划任务。每个任务包括六个字段，从左到右依次为分、时、日、月、周和命令，如表 6-1 所示。

表 6-1 crontab 文件格式

字段	分	时	日	月	周	命令
取值范围	0～59	0～23	01～31	01～12	0～6	

所有的字段不能为空，字段之间用空格隔开，如不指定字段内容，则使用“ * ”符号。其他可使用的符号还包括以下几个。

“－”符号：表示一段时间。例如，日期栏中输入“1－3”，表示每个月的 1—3 日每天执行。

“,”符号：表示指定的时间。例如，日期栏中输入“1,3,5”，表示每个月的 1 日、3 日和 5 日执行。

“/”符号：表示时间的间隔。例如，日期栏中输入“ * /5”，表示每隔 5 天执行。

如果命令行未进行输出重定向，那么系统会将执行结果以邮件形式发送给 crontab 文件的所有者。

2. crontab 命令

格式：crontab ［选项］

功能：管理 crontab 配置文件。

主要选项说明：

－e　创建并编辑 crontab 配置文件

－l　显示 crontab 配置文件的内容

－r　删除 crontab 配置文件

3. crond 进程

crond 进程在系统启动时自动启动，并一直运行于后台。crond 进程负责监测 crontab 配置文件，并按照其设置的内容，定期重复执行指定的 cron 计划任务。

4. 对 cron 的访问控制

默认情况下，所有用户都能访问 cron。若需要对 cron 进行访问控制，可以生成/etc/cron. allow 与/etc/cron. deny 文件，文件格式为每个用户占一行。其中，/etc/cron. deny 文件系统默认已存在。这两个文件的应用规则如下。

（1）若两个文件都不存在，则所有用户都能访问 cron。

(2) 若只存在/etc/cron.allow 文件，则只有/etc/cron.allow 文件中的用户能访问 cron。

(3) 若只存在/etc/cron.deny 文件，则只有/etc/cron.deny 文件中的用户不能访问 cron。

(4) 若两个文件都存在，则忽略/etc/cron.deny 文件。

例如，jerry 用户设置 cron 计划任务，要求每周五的 18 时 00 分将/home/jerry/data 目录中的所有文件打包并压缩为/backup 目录中的 jerry－data.tar.gz 文件。

```
[jerry@localhost~]$crontab -e
```

输入以上命令后，自动启动 vi 编辑器，输入以下配置内容后保存退出。

```
00 18**5/bin/tar -zcvf/backup/jerry -data.tar.gz/home/jerry/data
```

系统将根据设置的时间执行指定的命令，并将运行时的输出结果以邮件的形式返回给用户。

jerry 用户查看 cron 计划任务的内容。

```
[jerry@localhost~]$crontab -l
00 18**5/bin/tar -zcvf/backup/jerry -data.tar.gz/home/jerry/data
```

jerry 用户删除 cron 计划任务。

```
[jerry@localhost~]$crontab -r
[jerry@localhost~]$crontab -l
no crontab for jerry
```

本章小结

进程是指程序实体的运行过程，是系统进行资源分配和调度的独立单位，或者说是一个程序在处理机上的一次执行活动。进程具有 PID、拥有人 ID、进程名、进程状态、父进程 ID 及进程运行时间等属性。进程分为三种类型：系统进程、用户进程和守护进程。

进程控制命令有 ps、pstree、top、kill、nice 及 renice 等。

正在执行的一个或多个相关进程可形成一个作业。使用管道命令和重定向命令，一个作业可启动多个进程。作业可分为前台作业和后台作业。前、后台作业之间可以通过 bg 和 fg 命令相互切换。

计划任务是指根据需要在指定的时间自动地运行指定的进程。常用的计划任务包含 at 与 cron。

at 是让某一特定任务仅运行一次便从进程中删除，cron 则可以让某一特定任务周期性地执行。cron 计划任务与 crond 进程、crontab 命令和 crontab 配置文件有关。

习题

1. 选择题

(1) 关于作业和进程，以下哪种说法错误？ (　　)

A. 一个进程可以是一个作业　　B. 一个作业可以是一个进程

C. 多个进程可以是一个作业　　D. 多个作业可以是一个进程

(2) 哪个组合键能够挂起正在执行的进程？ (　　)

A. Ctrl+D　　B. Ctrl+Z　　C. Alt+C　　D. Ctrl+C

(3) 后台启动进程时应在命令行的末尾加上什么符号？ (　　)

A. &　　B. @　　C. #　　D. $

(4) 前台运行的作业如何切换到后台？ (　　)

A. 不能切换

B. 使用Ctrl+C组合键挂起任务并使用kill命令

C. 使用Ctrl+Z组合键挂起任务并使用bg命令

D. 使用Ctrl+C组合键挂起任务并使用bg命令

(5) Linux系统中用−20～19范围内的整数来表示进程的优先级，以下哪个选项的数值表示的进程优先级最低？ (　　)

A. −1　　B. 10　　C. −5　　D. 0

(6) 以下哪个命令能显示系统中正在运行的全部进程？ (　　)

A. ps　−l　　B. ps　−A　　C. ps　−a　　D. ps　u

(7) 进程信息列表的S列出现“S”字符，表示什么含义？ (　　)

A. 进程已被挂起　　B. 进程已僵死

C. 进程正在运行　　D. 进程处于休眠状态

(8) crontab配置文件的内容如下所示，计划任务将在何时自动执行？ (　　)

```
23  5  01  *  *  shutdown -h now
```

A. 每月1日23时05分　　B. 每月23日5时01分

C. 每月1日5时23分　　D. 每月23日1时05分

2. 思考题

(1) 简述crontab命令的六个字段的含义及取值范围。

(2) 有一普通用户想在每周日凌晨零点零分定期备份/user/backup到/tmp目录下，该用户应如何做？

第7章 Shell脚本

Shell是UNIX/Linux系统中用户与系统交互的接口，它除了作为命令解释器以外，还是一种高级程序设计语言。利用Shell脚本设计语言可以把命令有机地组合在一起，形成功能强大、使用灵活、交互能力强，但代码简单的新命令，它充分利用了UNIX/Linux的开放性，设计出适合用户自己的新功能，这样极大地提高了用户管理使用UNIX/Linux系统的工作效率。

7.1 Shell脚本概述

很多高级程序设计语言，像C、Java等，都拥有十分规范的格式，而Shell脚本则更类似于ASP、JSP、JavaScript等，不是格式十分规范的语言，而是一种脚本(script)，能够用更简洁、更高效的语句完成相对复杂的功能，这给使用者带来了很大的方便。

7.1.1 Shell脚本的基本结构

Shell脚本设计就是根据程序设计的三种基本结构，即顺序、选择和循环，以及Shell脚本的语法规则来编写Shell脚本。

Shell脚本是由语句构成的，语句可以是Shell命令，如echo命令显示字符串或变量的内容、clear命令清除屏幕等；也可以是各种流程控制语句，如test测试语句，if条件分支语句，while、until或for循环语句等；还可以是注释语句。

除了系统提供的一些变量外，用户在Shell脚本中可以根据需要自己定义变量或函数，以提高程序的复用性和可读性；与其他程序设计语言类似，Shell脚本也有顺序、分支(选择)、循环三种典型的基本结构；但Shell脚本是解释执行的。

在Shell脚本中，从“#”字符到行尾的内容均为注释内容，Shell脚本在执行过程中将忽略所有注释内容。如果“#”字符出现在引号或别的有特殊意义的地方，它就不是注释内容的标记符了。因此，建议将注释内容单独占一行或若干行，并确保各注释行的第一个非空格、非制表符为“#”字符。

由于Shell的类型有很多，为了使用户编写的Shell脚本在各种类型的Shell环境下都能被解释执行，Shell脚本的第一行最好为：

```
#!/bin/bash
```

申明该脚本由bash来解释，便于移植到其他系统中也以bash来解释。

7.12 第一个Shell脚本

要学好Shell编程，就要了解Shell脚本的基本结构和编程技巧，这可以通过阅读Linux

系统所提供的Shell脚本来实现，一般在系统的/etc和/usr/bin等目录下有许多Shell脚本程序。另外，在学习Shell脚本设计过程中一定要自己动手编写脚本并上机调试。下面就来看一个Shell脚本实例。

【例7.1】 使用jerry用户身份创建一个脚本myinfo.sh，要求显示主机名、当前用户名、当前用户UID及用户家目录。

```
# !/bin/bash
echo"my hostname is $(hostname)"
echo"user name is $USER"
echo"UID is $EUID"
echo"jerry's home directory is $HOME"
```

7.2 Shell脚本的建立与执行

要学习Shell脚本设计，首先必须了解如何建立Shell脚本及Shell脚本的执行方式。

7.2.1 Shell脚本的建立

建立Shell脚本的方法同建立普通文本文件的方式相同，可利用vi编辑器或cat命令，进行程序录入和编辑加工。如例7.1要求创建一个名为myinfo.sh的脚本，以使用vi编辑器为例，可在命令提示符后输入以下命令：

```
[jerry@localhost~]$vim myinfo.sh
```

进入vi编辑器的插入模式后，就可输入脚本内容，完成编辑后，保存退出，返回到Shell命令状态即可。

7.2.2 Shell脚本的执行

执行Shell脚本的方式常用的有以下三种。

1. sh命令

采用启动Shell脚本的sh命令。这种方法不需要把编辑好的Shell脚本的权限设置为可执行。只需在当前目录下输入“sh 脚本名”，按回车键即可。

如例7.1，可输入以下命令运行Shell脚本myinfo.sh。

```
[jerry@localhost~]$sh myinfo.sh
myhostname is localhost.localdomain
user name is jerry
UID is 503
jerry's home directory is/home/jerry
```

2. ./脚本名

首先，添加文件的可执行权限，然后，在当前目录下键入./脚本名，按回车键即可。

如例7.1，可采取以下操作运行Shell脚本myinfo.sh。

```
[jerry@localhost~]$chmod u+x myinfo.sh
[jerry@localhost~]$ll myinfo.sh
```

```
-rwxr--r--.1 jerry helen 130 Dec 2 13:11 myinfo.sh
[jerry@localhost~]$./myinfo.sh
myhostname is localhost.localdomain
user name is jerry
UID is 503
jerry's home directory is/home/jerry
```

3. 脚本名

首先，添加文件的可执行权限，然后，把当前目录添加到搜索路径(.bash_profile 文件)中。在任意目录下输入脚本名，按回车键即可。

如例 7.1，可采取以下操作运行 Shell 脚本 myinfo.sh。

(1) 添加脚本 myinfo.sh 的可执行权限。

```
[jerry@localhost~]$chmod u+x myinfo.sh
[jerry@localhost~]$ll myinfo.sh
-rwxr--r--.1 jerry helen 130 Dec 2 13:11 myinfo.sh
```

(2) 将脚本 myinfo.sh 所在的目录/home/jerry 添加到/home/jerry/目录中的.bash_profile 文件 PATH 变量之后。

```
PATH=$PATH:$HOME/bin:/home/jerry
```

保存并退出后，输入命令“source .bash_profile”使之立即生效。

因为将脚本 myinfo.sh 所在的路径添加到了 PATH 变量中，并写入了配置文件.bash_profile 中，因此，jerry 用户无论在哪个目录下执行 myinfo.sh 脚本，都能执行成功。

```
[jerry@localhost tmp]$myinfo.sh
myhostname is localhost.localdomain
user name is jerry
UID is 503
jerry's home directory is/home/jerry
```

说明：把当前目录添加到搜索路径中的做法，实际上并不是一种好的、规范的方法。因为 Linux 系统的文件系统是层次式的，是对文件进行分类管理的，即不同的文件是放在不同的目录中的，例如，所有的可执行文件都是放在 bin 目录或 sbin 目录下的。

系统中每添加一个新用户，Linux 都会在/home 目录下创建一个与用户名相同的家目录，以便于该用户存放属于自己的文件，HOME 变量存有该目录名。在.bash_profile 文件中有这样一行内容：

```
PATH=$PATH:$HOME/bin
```

因此，用户只要在自己的家目录下建立一个名为 bin 的目录，并把编辑好的 Shell 脚本存放在该目录下即可。

7.3 Shell 命令的执行顺序

在 Shell 脚本中，简单的 Shell 命令的执行方式大多是每行执行一个命令，而事实上，多条命令可以在一行中出现，顺序执行；相邻命令间也能存在逻辑关系，即逻辑“与”和逻辑“或”。

7.3.1 顺序执行

1. 顺序分隔符(;)

多条命令可以在多行中输入,也可将这些命令在一行中输入,但各条命令应以分号(;)隔开,如下所示:

```
[jerry@localhost ~ ]$cd/tmp;cp/etc/passwd.;cat passwd
```

上例表示切换当前目录至/tmp 目录,将文件/etc/passwd 拷贝到/tmp 目录中,并查看该文件内容。

2. 管道(|)

前面已经介绍了管道,它们的执行也是顺序执行,例如:

```
[jerry@localhost tmp]$cat/etc/passwd|wc -l|mail jane
```

上例的含义是统计系统中的用户数,并发邮件给用户 jane。它们的执行方式也是顺序执行,只不过是管道方式,即把前面命令的输出作为后面执行命令的输入。

7.3.2 逻辑与和逻辑或

1. 逻辑与(&&)

逻辑与操作符"&&"可把两个或两个以上命令联系在一起,格式如下:

```
command1&&command2&&… &&commandn
```

功能:先运行 command1,如果运行成功,才运行 command2;否则,若 command1 运行失败,则不运行 command2。依次类推,只有前 n−1 个命令都运行成功后,第 n 个命令才能运行。例如:

```
[jerry@localhost~]$cp myinfo.sh~/bin&&cat~/bin/myinfo.sh
```

如果成功复制到要求的路径,则查看 myinfo.sh 文件的内容。命令执行成功后,其返回值为 0;若执行失败,则返回非 0 值。

2. 逻辑或(||)

逻辑或操作符"||"可把两个或两个以上命令联系在一起,格式如下:

```
command1||command2||…||commandn
```

功能:先运行 command1,如果运行不成功,则运行 command2;否则,若 command1 运行成功,则不运行 command2。例如:

```
[jerry@localhost~]$cp myinfo.sh~/bin || ls -l
```

如果没有成功复制到要求的路径,则查看当前目录中的内容。

操作符"&&"和"||"实际上可视为管道中的条件运算符,它们的优先级相同,但都低于"&"(后台操作)和"|"(管道)。

7.4 Shell 脚本中的变量

对于任何程序设计语言来说,变量都是非常重要的。例如,程序设计语言必须提供流程控制语句,而流程控制语句不但需要对变量的值进行判断,而且还需要对变量进行操作。

Shell 变量可分为环境变量和用户变量两大类,其中,环境变量在前面已经做了介绍,本章只针对在 Shell 脚本中用得较多的变量做介绍。

7.4.1 用户变量与赋值

在 Shell 脚本中，可以将任何一个无空格的字符串作为一个用户变量，而且不必预先声明就可以对用户变量赋值。

对用户变量赋值主要有以下三种方式。

1. 等号

可以用等号直接对用户变量赋值，但是在 bash 中，要注意以下两点：

第一，在等号前后均不能有空格；

第二，当需要将一个包含空格的字符串赋给用户变量时，应用单引号将该字符串括起来。

由于 Shell 用户变量不需要预先声明(类型定义)，所以对用户变量既可以赋字符、字符串，也可以赋数值。

赋值后，如果想要改变用户变量的值，则只要再次赋值即可；如果想要把它变成只读变量，则可在变量名前加 readonly 来修改。

2. read

格式：read ［选项］ 用户变量名

功能：从标准输入设备读入用户变量的值。

主要选项说明：

－p “提示语句” 屏幕输出提示语句

当 Shell 脚本执行到该行时，将等待用户从键盘输入，当用户按下回车键时，Shell 把用户输入的内容赋给用户变量。read 后面的变量可以只有一个，也可以有多个，这时如果输入多个数据，则第一个数据给第一个变量，第二个数据给第二个变量，如果输入数据个数过多，则最后所有的值都给最后一个变量。

【例 7.2】 编写脚本 bl.sh，测试 read 命令的用法。

```
[root@localhost bin]# cat bl.sh
# ! /bin/bash
read -p"Enter your name:"V1 V2
echo $V1
echo $V2
[root@localhost bin]# bl.sh
Enter your name:Jone Doe
Jone
Doe
```

3. 引用命令执行结果

用户变量='命令' 或 用户变量＝＄(命令)

该语句首先执行反向单引号之间的命令，然后将其执行后输出的内容赋给该用户变量，在这种赋值方式中，等号前后同样不能有空格，而且必须用反向单引号(或＄())把命令括起来。例如：

```
current_time= 'date'
```

则用户变量 current_time 中的内容为系统当前的日期和时间。

7.4.2 引用变量与 echo 命令

给变量赋值的主要目的是用它来进行运算，为此，首先需要学习如何引用（访问）一个变量的值。

在 Shell 语言中，对所有的变量（用户变量、环境变量、位置变量、内部变量）的引用方法都是一样的，只要在变量前加"$"符号就意味着是引用变量。

如果要在屏幕上显示字符、字符串或变量的内容，则可以使用 echo 命令。

格式：echo [选项] ["显示的信息"或 $变量]

功能：在屏幕上显示信息或变量的值。

主要选项说明：

-n　　显示后并不自动换行

例如：

```
[root@localhost~]# A=100
[root@localhost~]# echo $A
100
```

7.4.3 位置变量与 shift 命令

1. 位置变量

在 Shell 中有一种特殊的变量，称为位置变量。位置变量用于存放那些传递给命令行上 Shell 脚本或 Shell 脚本函数的参数。这些变量是数字 0～9，Shell 将命令行中的参数依次赋给变量 1、2……9，将命令（程序）名赋给变量 0。

这些变量是 Shell 保留的，只有/bin/bash 程序才能给它们赋值，虽然用户不能简单地用等号给它们赋值，但是可以用 set 命令来赋值。

假设某个 Shell 脚本名为 test，执行带 3 个参数，则 Shell 解释执行时位置变量 0 的内容为 test，位置变量 1 的内容为参数 1，依次类推。

2. shift

格式：shift [n]

功能：使第 1 个命令行参数无效，并将位置变量 2 的值移给位置变量 1，将位置变量 3 的值移给位置变量 2……将位置变量 10 的值移给位置变量 9。该命令不会改变位置变量 0 的值。

其中，n 为非负整数且小于等于命令行参数的个数，它表示移动的位数。如果不指定 n 的值，则系统默认 n 为 1。

【例 7.3】 编写一个测试 shift 命令的脚本，脚本名为 testshift。

```
[root@localhost bin]# cat testshift
echo $1 $2 $3
shift
echo $1 $2 $3
```

```
shift
echo $1 $2 $3
[root@localhost bin]# testshift X Y Z
X Y Z
Y Z
Z
```

输入的 X、Y、Z 是命令行参数，显示结果中的第一行是命令行参数移动前的 3 个参数值，X、Y、Z 分别对应位置变量 1、2、3；第二行是命令行参数移动 1 次后的结果，位置变量 1 中的内容被位置变量 2 中的内容取代，而位置变量 2 中的内容被位置变量 3 中的内容取代；第 3 行是命令行参数移动两次后的结果。

7.4.4 其他 Shell 变量

在 Shell 脚本设计中经常使用的其他 Shell 变量还有 # 变量、? 变量及 *（或@变量。

1. #变量

该变量存放传递给 Shell 脚本命令行参数的个数。

【例 7.4】 编写一个测试命令行参数个数的脚本，脚本名为 testparnum。

```
[root@localhost bin]# cat testparnum
# ! /bin/bash
echo $#
[root@localhost bin]# testparnum 1 2 3
3
```

2. ? 变量

该变量存放 Shell 脚本中最后一条命令的返回码。在 Linux 系统中，每条命令执行完后都会返回 1 个值，这个值称为返回码。一般，执行成功时返回 0，执行不成功时返回非 0 的值。Shell 脚本的最终返回码也就是最后一条被执行命令的返回码。

【例 7.5】 修改 testshift 脚本，测试每条命令的返回码及最终的返回码。

```
[root@localhost bin]# cat testshift
echo $1 $2 $3
echo $?
shift
echo $?
echo $1 $2 $3
echo $?
[root@localhost bin]# testshift X Y Z
X Y Z
0
0
Y Z
0
```

3. *（或@变量

该变量存放所有输入的命令行参数，并且每个参数之间用空格隔开。在 Linux 系统中，

使用 * 或@变量是等价的。

【例 7.6】 修改 testparnum 脚本，以显示输入的所有命令行参数。

```
[root@localhost bin]# cat testparnum
# !/bin/bash
echo $#
echo $*
[root@localhost bin]# testparnum 1 2 3
3
1 2 3
```

7.5 流程控制语句

Shell 脚本类似其他高级语言，同样具有控制结构，用于决定 Shell 脚本中语句的执行顺序。脚本的控制结构语句有三种基本的类型：两路分支、多路分支以及一个或多个命令的循环执行。

Linux 系统的 bash 中的两路分支语句是 if 语句，多路分支语句是 if 和 case 语句，代码的循环执行语句是 for、while 和 until 语句。

7.5.1 if 语句

Shell 提供了功能丰富的 if 语句，类似于 C 语言和其他高级语言，是最常用的条件控制语句。if 语句一般用于两路分支，但也可以用于多路分支。

1. 两路分支的 if 语句

if 语句的最基本形式一般是用于两路分支，下面是该语句的一般格式：

```
if    判断条件
then  命令 1
else  命令 2
fi
```

其中 if、then、else 和 fi 是关键字，若没有 else 行，则变为“一路分支”单纯的 if 语句。判断条件包括命令语句和测试语句两种方式。

1）命令语句形式的判断条件

一般以命令的执行成功与否来做判断，如果命令正常结束，则表示执行成功，其返回值为 0，判断条件为真；如果命令执行不成功，其返回值不等于 0，判断条件为假。如果命令语句形式的判断条件由多条命令组成，那么判断条件以最后一条命令是否执行成功为准。

【例 7.7】 编写一个 Shell 脚本，查找给定的某用户是否在系统中工作。如果在系统中就发一个问候给他。

```
[root@localhost bin]# cat test7-7
# !/bin/bash
echo"type in the user name"
read user
```

```
if who|grep $user
then echo"hello! $user! |write $user"
else echo"$user has not logged in the system"
fi
```

2）测试语句形式的判断条件

测试语句是 Shell 脚本最常用的判断条件，它包括字符串测试、文件测试和数值测试，下一小节将做详细介绍。下面是一个文件测试的例子。

【例 7.8】 编写一个 Shell 脚本，利用位置参数携带一个文件名，判断该文件在当前目录下是否存在且是一个普通文件。

```
[root@localhost bin]# cat test7 -8
# ! /bin/bash
if test -f"$1"
then echo"$1 is an ordinary file"
else echo"$1 is not an ordinary file"
fi
[root@localhost bin]# test7 -8 a.txt
a.txt is an ordinary file
```

上例中的执行结果说明，在当前目录下，a. txt 文件存在并且是一个普通文件。

2. 多路条件判断分支的 if 语句

在以上的 if 语句两路分支中，再嵌套一组 if 语句两路分支，则可以变成多路条件分支，它可以简写为以下格式，其语法格式为：

```
if      判断条件 1
then    命令 1
elif    判断条件 2
then    命令 2
…
else    命令 n
fi
```

其中，elif 是 else if 的缩写。

【例 7.9】 编写一个 Shell 脚本，输入 1～10 之间的一个数，并判断是否小于 5。

```
[root@localhost bin]# cat test7 -9
# ! /bin/bash
echo -n 'key in a number(1 -10):'
read a
if ["$a" -lt 1 -o"$a" -gt 10 ]
then echo"Error Number."
elif [! "$a" -lt 5 ]
then echo"It's not less 5."
else echo"It's less 5."
fi
```

```
[root@localhost bin]# test7 -9
key in a number(1 -10):18
Error Number.
[root@localhost bin]# test7 -9
key in a number(1 -10):3
It's less 5.
[root@localhost bin]# test7 -9
key in a number(1 -10):9
It's not less 5.
```

7.5.2 测试语句

测试语句是 Shell 的特有功能，它往往是和各种条件语句结合起来使用的，如与 if、case、while 搭配，它在 Shell 编程中起着重要作用，使用频率很高。

if 语句中，在 if 后加判断条件，大多数情况下，在 Shell 中就是使用测试语句来计算判断条件的值。测试语句计算一个表达式的值并返回“真”或“假”。该语句有两种语法格式，一种是使用关键字 test，另一种是使用方括号。格式如下：

格式 1：

test　expression

格式 2：

[expression]

例如，测试位置参数携带的文件名是否在当前目录下已存在并且为普通文件，可有如下两种写法。

格式 1：test　-f　"$1"

格式 2：[-f "$1"]

二者是等价的，同时要注意以下几点。

(1) 如果在 test 语句中使用 Shell 变量，为表示完整，避免造成歧义，最好用双引号将变量括起来。

(2) 在任何一个运算符、圆括号或方括号等操作符的前后至少需要留有一个空格。

(3) 如果需要在下一行继续测试表达式，应该在按下 Enter 键之前加上反斜杠(\)，这样 Shell 就会将下一行当作上一行的接续。

测试语句支持很多运算符，它们用于三种形式的测试，即文件测试、字符串测试和数值测试，也可以在逻辑上将两个或更多的测试语句连接成更复杂的表达式。

1. 文件测试

文件测试是判断当前路径下的文件属性及类型，所指的文件一般用变量所代表的文件名表示。文件测试的各个参数及功能如表 7-1 所示。文件测试的实例见例 7.8。

表 7-1　文件测试参数

参　　数	功　　能
－r　file	若文件存在并且是用户可读的，则测试条件为真
－w　file	若文件存在并且是用户可写的，则测试条件为真
－x　file	若文件存在并且是用户可执行的，则测试条件为真
－f　file	若文件存在并且是普通文件，则测试条件为真
－d　file	若文件存在并且是目录文件，则测试条件为真
－p　file	若文件存在并且是 FIFO 文件，则测试条件为真
－s　file	若文件存在并且不是空文件，则测试条件为真

2. 字符串测试

有关字符串的测试参数及功能如表 7-2 所示。

表 7-2　字符串测试参数

参　　数	功　　能
str	如果字符串 str 不是空字符串，则测试条件为真
str1　＝　str2	如果 str1 等于 str2，则测试条件为真(注意："＝"前后须有空格)
str1　！＝　str2	如果 str1 不等于 str2，则测试条件为真
－n　str	如果字符串 str 的长度不为 0，则测试条件为真
－z　str	如果字符串 str 的长度为 0，则测试条件为真

判断两个变量 S1 和 S2 所代表的字符串是否相等，可以写成：

```
[ "$S1" = "$S2" ] 或  test  "$S1" = "$S2"
```

在引用变量及字符串中，要求用双引号引起来，又如判断变量 S1 是否等于字符串"yes"，可以写成：

```
["$S1" = "yes" ] 或  test  "$S1" = "yes"
```

3. 数值测试

有关数值的测试参数及功能如表 7-3 所示。

表 7-3　数值测试参数

参　　数	功　　能
n1－eq n2	如果整数 n1 等于 n2(n1＝n2)，则测试条件为真
n1－ne n2	如果整数 n1 不等于 n2(n1＜＞n2)，则测试条件为真
n1－lt n2	如果 n1 小于 n2(n1＜n2)，则测试条件为真
n1－le n2	如果 n1 小于等于 n2(n1＜＝n2)，则测试条件为真
n1－gt n2	如果 n1 大于 n2(n1＞n2)，则测试条件为真
n1－ge n2	如果 n1 大于等于 n2(n1＞＝n2)，则测试条件为真

判断变量 S1 所代表的数值是否大于 10，可以写成：

```
["$S1" - gt 10 ] 或 test "$S1" - gt 10
```

4. 用逻辑操作符进行组合的测试语句

事实上，判断条件既可以在 if 语句或循环语句中单个使用，也可以通过逻辑操作符把它们组合起来使用，形成更复杂的表达式。可以在测试语句中使用的逻辑操作符有：逻辑与、逻辑或、逻辑非。它们的参数和功能如表 7-4 所示。

表 7-4 构成复杂表达式的运算符

参　数	功　能
!	逻辑非，放在任意逻辑表达式之前，原来真的表达式变为假，原来假的变为真
－a	逻辑与，放在两个逻辑表达式之间，仅当两个逻辑表达式都为真，结果才为真
－o	逻辑或，放在两个逻辑表达式之间，其中只要有一个逻辑表达式为真，结果就为真
()	圆括号，用于将表达式分组，优先得到结果，括号前后应有空格并用转义符“\(”和“\)”

下面举例说明用逻辑操作符进行组合的测试语句。

(1) 逻辑非。判断变量 S1 所携带的数值不小于等于 0，则其测试语句可以写成以下两种方式：

```
[ ! "$S1"  - le  0] 或 ! test  "$S1"  - le  0
```

要求“!”和其他符号间留有空格。

(2) 逻辑与。判断变量 S1 所代表的文件是普通文件并且具有写的权限，则其测试语句可以写成以下两种方式：

```
[  - f  "$S1"  - a  - w  "$S1"  ] 或  test  - f  "$S1"  - a  - w  "$S1"
```

(3) 逻辑或。判断变量 S1 所代表的数值大于 0 或变量 S2 所代表的数值小于 10，则其测试语句可以写成以下两种方式：

```
[  "$S1"  - gt  0  - o  "$S2"  - lt  10  ]或
test  "$S1"  - gt  0  - o  "$S2"  - lt  10
```

(4) 圆括号。进行如下数学表达式的测试：0＜a＜10 且 a＜或＞5。则其测试语句可以写成以下两种方式：

```
[  \(  "$a"  - gt  0  - a  "$a"  - lt  10  \)  - a  "$a"  - ne  5  ]或
test  \(  "$a"  - gt  0  - a  "$a"  - lt  10  \)  - a  "$a"  - ne  5
```

要求括号使用转义符“\(”和“\)”并且前后留有空格。

实际应用中，测试参数除了与 if 搭配外，还可以和很多控制语句一起结合使用，如 case、while 等。

7.5.3 case 语句

在 Shell 编程时，往往遇到对同一变量进行多次测试的情况。通过上一小节的内容，知道这种情况可以用多个 elif 语句来实现，但是，可以使用一种更简单、便捷的方法，就是用 case 语句。

case 语句允许从几种情况中选择一种执行，而且 case 语句不但取代了多个 elif 和 then 语句，还可以用变量值对多个模式进行匹配，在某个模式与变量值匹配后，其后的一系列命令将被执行。Shell 中的 case 语句的功能要比 C 语言的 case 或 switch 语句稍强。因为在 Shell 中，可以使用 case 语句比较带有通配符的字符串，而在 C 语言中只能比较枚举类型和整数类型的值。bash 的 case 语句格式如下：

```
case  string1  in
str1)
    commands-list1;;
str2)
    commands-list2;;
…
strn)
    commands-listn;;
esac
```

功能：将 string1 和 str1，…，strn 比较。如果 str1 到 strn 中的任何一个和 string1 相符合，则执行其后的命令一直到两个分号(;;)结束。如果 str1 到 strn 中没有和 string1 相符合的，则其后的语句不被执行。

其中 str1 至 strn 也称为正则表达式，“…”是缺省的 case 条件。

【例 7.10】 用 case 语句来判断输入的位置参数所携带的字符串是否是某个文件的文件名。

```
[root@localhost bin]# cat test7 -10
# ! /bin/bash
case $1 in
file) echo"it is a file";;
dir) echo"current directory is 'pwd'"
     ls -l;;
*)    echo"it is not a filename";;
esac
[root@localhost bin]# test7 -10 file
it is a file
[root@localhost bin]# test7 -10 aaa
it is not a filename
```

在使用 case 语句时应注意以下几点。

(1) 每个正则表达式后面可有一条或多条命令，其最后一条命令必须以两个分号(;;)结束。

(2) 正则表达式中可以使用通配符。

(3) 如果一个正则表达式由多个模式组成，那么各模式之间应以竖线“|”隔开，表示各模式是“或”关系，即只要给定字符串与其中一个模式匹配，就会执行其后的命令表。

【例 7.11】 case 语句的通配符及多个模式组合实例。

```
[root@localhost bin]# cat test7 -11
# ! /bin/bash
case $1 in
[dD]ate) echo"the date is 'date'";;
```

```
dir|path) echo"current directory is 'pwd'";;
*)        echo"bad argument";;
esac
[root@localhost bin]# test7 -11 date
the date is Fri Mar 11 10:33:22 CST 2016
[root@localhost bin]# test7 -11 path
current directory is/root/bin
```

（4）各正则表达式是唯一的，不应重复出现。

（5）case 语句以关键字 case 开头，以关键字 esac 结束。

（6）case 的退出（返回）值是整个结构中最后执行的那个命令的退出值。若没有执行任何命令，则退出值为零。

7.5.4 for 语句

Shell 中有三种用于循环的语句，它们是 for 语句、while 语句和 until 语句，分别介绍如下。

for 语句是程序设计语言循环语句中最常用的一种。但 for 语句在 bash 中和在 C 语言中有所不同。下面是 bash 中 for 语句的格式：

```
for  variable  [in  argument -list]
do
   command -list
done
```

功能：重复执行 command－list 中的命令，执行次数与 in argument－list 中的单词个数相同。其中的[in argument－list]部分为可选项，由于它的不同又可有以下三种形式。

1. [argument－list]为变量值表

其执行过程为：变量 variable 依次取值表中各字符串，如例 7.12。

【例 7.12】 用 for 循环创建指定的用户，并设密码为“redhat”。

```
[root@localhost bin]# cat test7 -12
# !/bin/bash
for USERS in zhangsan lisi wangwu
do
useradd $USERS
echo redhat|passwd --stdin $USERS
done
[root@localhost bin]# test7 -12
Changing password for user zhangsan.
passwd:all authentication tokens updated successfully.
Changing password for user lisi.
passwd:all authentication tokens updated successfully.
Changing password for user wangwu.
passwd:all authentication tokens updated successfully.
```

上面程序的执行过程：变量 USERS 依次取值表中各字符串，即第一次将“zhangsan”赋给 USERS 变量，然后进入循环体，执行其中的命令，即创建用户 zhangsan，并设置密码为"redhat"；第二次将"lisi"赋给变量 USERS，然后执行循环体中的命令，创建用户 lisi，并设置密码为"redhat"；依次处理，当 in 把值表中各字符串都取过一次之后，下面 USERS 的值就变为空串，从而结束 for 循环。因此，值表中字符串的个数决定了 for 循环执行的次数。

2. [argument－list]为文件的表达式

其执行过程为：变量的值依次取当前目录（或指定目录）下与文件表达式相匹配的文件名，每取值一次，就进入循环体执行命令表，直到所有匹配的文件名取完为止。举例如下：

【例 7.13】 将当前目录下的所有 *.c 文件用 for 循环依次输出。

```
[root@localhost bin]# cat test7 -13
# !/bin/bash
for i in *.c
do
  cat $i | pr
done
```

3. [argument－list]为空

此种形式中，[argument－list]也可以用 $ * 来代替，两者是等价的。执行过程是：变量依次取位置参数的值，然后执行循环体中的命令表，直至所有位置参数取完为止。

【例 7.14】 编写 Shell 脚本，第一个位置参数为指定的目录，其后指定的位置参数为第一个位置参数指定目录下的文件，显示这些文件的内容。

```
[root@localhost bin]# cat test7 -14
# !/bin/bash
dir=$1;shift
if [ -d $dir ]
then cd $dir
  for name
  do
    if [ -f $name]
    then cat $name
          echo"End of ${dir}/$name"
     else echo"Invalid file name:${dir}/$name"
     fi
   done
else echo"Bad directory name:$dir"
fi
```

其中"for name"语句是"for name in $ * "语句的简写，两者是等价的。

输入三种不同的位置参数，分别得到以下三种不同的运行结果：

```
[root@localhost bin]# test7 -14/root aaa.txt
hello
End of/root/aaa.txt
```

```
[root@localhost bin]# test7 -14/root aaa
Invalid file name:/root/aaa
[root@localhost bin]# test7 -14/test
Bad directory name:/test
```

7.5.5 while 语句

while 语句,又称为 while 循环,即根据一个表达式的条件重复执行循环体。while 语句的一般语句格式为:

```
while expression
do
    command -list
done
```

功能:只要 expression 的值为真,则进入循环体,执行 command－list 中的命令,然后再做条件测试,直到测试条件为假时才终止 while 语句的执行。

【例 7.15】 编写 Shell 脚本,对各个给定的位置参数,首先判断其是否是普通文件,若是,则显示其内容;否则,显示它不是文件名的信息。每次循环处理一个位置参数 $1,利用 shift 命令把后续位置参数左移。

脚本中的 while 循环部分代码如下:

```
while [$1]
do
  if[ -f $1]
  then echo"display:$1"
       cat $1
  else echo"$1 is not a file name."
  fi
  shift
done
```

测试条件部分除了使用 test 命令或等价的方括号外,还可以是一组命令,根据其最后一个命令的退出值决定是否进入循环体执行。

【例 7.16】 编写 Shell 脚本,利用 while 循环输出 1 到 10 之间的整数。

```
[root@localhost bin]# cat test7 -16
# ! /bin/bash
x=1
while [$x -le 10]
do
    echo $x
    x='expr $x+1'
done
```

上例中,在循环体中 x 赋值两边是反引号,expr 是数值运算。

7.5.6 until 语句

until 语句是另一种循环,它的语法类似于 while 语句,但在语义上有所不同。在 while

语句中，只有表达式的值为真时才执行循环体；而在 until 语句中，只在表达式为假时才执行循环体。该语句的语法格式为：

```
until  expression
do
  command -list
done
```

功能：只要 expression 的值为假，就执行 command－list 的命令。

【例 7.17】 编写 Shell 脚本，用 until 语句完成例 7.16 的任务。

```
[root@localhost bin]# cat test7 -17
# ! /bin/bash
x=1
until [$x -gt 10]
do
    echo $x
    x='expr $x+1'
done
```

7.5.7 break 和 continue 语句

break 和 continue 命令用于中断循环体的顺序执行。其中 break 命令将控制转移到 done 后面的命令，因此循环提前结束。continue 命令将控制转移到 done，接着再次计算条件的值，以决定是否继续循环。

1. break 语句

格式：break [n]

功能：从循环体中退出。

其中 n 表示要跳出几层循环。默认值是 1，表示只跳出一层循环。如果 n 为 3，则表示一次跳出 3 层循环。执行 break 时，是从包含它的那个循环体中向外跳出的。

【例 7.18】 编写 Shell 脚本，用 while 和 break 语句完成与例 7.16 相同的任务。

```
[root@localhost bin]# cat test7 -18
# ! /bin/bash
x=1
while true
do
  echo $x
  x='expr $x+1'
  if [$x -gt 10]
  then break
  fi
done
```

2. continue 语句

格式：continue [n]

功能：跳过循环体中在它之后的语句，回到本层循环的开头，进行下一次循环。

其中 n 表示从 continue 语句的最内层循环向外跳出第 n 层循环，默认值为 1。

【例 7.19】 编写 Shell 脚本，输入一组数，打印除了 5 之外的所有数。

```
[root@localhost bin]# cat test7-19
#!/bin/bash
for i in 1 2 3 4 5 6
do
  if [$i -eq 5]
  then continue
  else echo"$i"
  fi
done
```

7.5.8 算术表达式和退出脚本程序命令

与其他编程语言一样，Shell 也提供了丰富的算术表达式。

1. 算术表达式

Shell 提供五种基本的算术运算：+（加）、-（减）、*（乘）、/（除）和%（取模）。Shell 只提供整数的运算。

格式：expr　n1　运算符　n2

例子如下：

```
[root@localhost~]# expr 20  -   10
10
[root@localhost~]# expr 15  \*   16
240
[root@localhost~]# expr 15  %   4
3
```

注意：在运算符的前后都留有空格，否则 expr 不对表达式进行计算，而直接输出它们。表示“乘”的运算符前应加一个转义符“\”。

2. 退出脚本程序命令

在 Shell 脚本中，exit 命令是立即退出正在运行的 Shell 脚本，并设有退出值。

格式：exit　[n]

其中 n 为设定的退出值，如果未给定 n 的值，则退出值为最后一个命令的执行状态。

7.6 函数

在 Shell 脚本中，允许用户定义自己的函数，以使脚本的可读性更好、代码更紧凑。函数是一组命令的集合。其定义格式为：

```
Function( )
{
  command-list
}
```

函数应先定义，后使用。调用函数时，直接利用函数名调用。举例如下：

【例 7.20】 自定义一个函数，再进行调用。

```
[root@localhost bin]# cat test7 -20
# ! /bin/bash
testfile()
{
  if [- d"$1"]
  then echo"$1 is a directory."
  else echo"$1 is not a directory."
  fi
  echo"End of the function."
}
testfile/root/aaa.txt

[root@localhost bin]# test7 -20
/root/aaa.txt is not a directory.
End of the function.
```

注意：函数定义后，在文件中调用此函数时，直接利用函数名，如 testfile，不必带圆括号，就像一般命令那样使用。Shell 脚本与函数间的参数传递可利用位置参数和变量直接传递。变量的值可以由 Shell 脚本传递给被调用的函数，而函数中所用的位置参数 $1、$2 等对应于函数调用语句中的实参，这一点是与普通命令不同的。

本章小结

Shell 脚本设计就是根据程序设计的三种基本结构，即顺序、选择和循环，以及 Shell 脚本的语法规则来编写 Shell 脚本。

Shell 脚本是由语句构成的，语句可以是 Shell 命令，可以是各种流程控制语句，还可以是注释语句。

建立 Shell 脚本的方法同建立普通文本文件的方式相同，可利用 vi 编辑器或 cat 命令，进行程序录入和编辑加工。执行 Shell 脚本的方式常用的有三种。

在 Shell 脚本中，多条命令可以在一行中出现，顺序执行；相邻命令间也能存在逻辑关系，即逻辑“与”和逻辑“或”。

Shell 变量可分为环境变量和用户变量两大类，其中包含几种特殊变量：位置变量、# 变量、? 变量及 *（或@）变量。

Shell 脚本的控制结构语句有三种基本的类型，即两路分支、多路分支以及一个或多个命令的循环执行，对应语句有 if、case、for、while 和 until。

习题

编程题

(1) 创建一个脚本/root/myscripts. sh,要求如下:
当用户执行/root/myscripts. sh all 时,显示“none”;当执行/root/myscripts. sh none 时,显示“all”;否则,是标准错误输出“Error,please input all|none”。

(2) 编写一个脚本,显示当前日期和时间。

(3) 编写一个脚本,显示脚本名及位置参数(执行时带一个参数)。

(4) 设计一个 Shell 脚本,在/userdata 目录下建立 50 个目录,即 user1～user50,并设置每个目录的权限为 rwxr—xr——。

第8章 基本的网络配置及远程管理

网络对于当今世界的作用是不言而喻的，它可以将一台计算机与其他多台计算机连接起来，共享资源，互相通信。在 Windows 系统中可以很方便地配置网络、构建局域网、访问 Internet。Linux 作为一个应用广泛的、成熟的操作系统，同样有着完善的网络和通信功能，配置也很方便。

8.1 网络配置文件与配置方法

8.1.1 网络的相关概念

使用网络前，需要对 Linux 主机进行基本的网络配置，配置后可以使该主机能够同其他主机进行正常的通信。在基本网络配置之前，需要先掌握几个与网络相关的概念。

1. IP 地址

在 Internet 上，如果一台主机想与其他主机进行正常通信，就需要有一个标志来为这台主机唯一编号，这个标志就称为“IP 地址”。

IP 地址用 32 位的二进制数字来表示，通常将其用 4 组 8 位二进制数字表示，每组数字之间以“.”间隔，即用形如 X.X.X.X 的格式表示。X 为由 8 位二进制数转换而来的十进制数，其值为 0～255，如 202.103.24.68。这种格式的地址常称为“点分十进制”。

一台主机要在网络中和其他主机进行通信，首先要具有一个 IP 地址，一般的主机只有一块网卡，设置一个 IP 地址即可。如有多块网卡，可分别设置独立的 IP 地址。当然即使一块网络，也可以设置多个 IP 地址。

IP 地址的设置通常包括一系列的设置项，除 IP 地址本身外还包括子网掩码、网络地址和广播地址，其中 IP 地址和子网掩码是必须提供的，网络地址和广播地址可以由 IP 地址和子网掩码进行计算得到。主机的 IP 地址设置正确后就可以和同网段的其他主机进行通信了，要注意只能使用 IP 地址而不能使用主机名进行通信。

2. 主机名

主机名用于标志一台主机的名称，通常该主机名在网络中是唯一的。如果该主机在 DNS 服务器上进行了域名的注册，主机名与该主机的域名通常也是相符的。

3. 网关地址

主机的 IP 地址设置正确后可以和同网段的其他主机进行通信，但还不能与不同网段的主机进行通信。为了实现与不同网段的主机进行通信，需要设置网关地址，该网关地址一定是同网段主机的 IP 地址,任何与不同网段主机进行的通信都将通过网关进行。

正确设置网关地址后,主机就可以与其他网段的主机进行通信,也可以和接入互联网的任何主机进行通信,当然前提是作为网关的主机能够担负起网关的职责。

4. DNS 服务器地址

在正确设置了 IP 地址和网关地址后,还不能使用域名和其他主机进行通信。为了能够使用域名而不是 IP 地址来连接主机,需要指定至少一个 DNS 服务器的 IP 地址,所有的域名解析(域名与 IP 地址间的相互转换)任务都将由该 DNS 服务器来完成,这样就可以使用域名和其他主机进行通信了。

8.1.2 Red Hat Enterprise Linux 8 下的网络配置

不同于先前的版本,在 RHEL 8 上,默认状态下不再使用 network. service。若希望使用传统的 network. service,可以使用以下命令手动恢复:

```
# dnf install network-scripts -y
```

还可以使用以下命令安装相应的网络工具:

```
# dnf install net-tools -y
```

但 network. service 已不被官方支持,建议使用 NetworkManager. service 进行网络配置。NetworkManager(简称 NM)是 Red Hat 利用现代网络技术开发的项目,NM 能自动发现网卡并配置 IP 地址,也能管理各种网络。

NM 的使用方法:

nmcli:命令行,是常用的工具。

nmtui:在 Shell 终端开启文本图形界面。

Freedesktop applet:如 GNOME 上自带的网络管理工具。

cockpit:Red Hat 自带的基于 Web 图形界面的"驾驶舱"工具,具有 dashboard 和基础管理功能。

8.2 常用网络操作命令

RHEL 提供了丰富的网络命令,有些是用于配置网络的,有些是用于测试网络的,还有些是用于网络通信的,大多数的命令都有许多命令格式,熟练地掌握这些命令,对配置、使用网络是十分有必要的。下面介绍几个常用的网络命令。

1. hostname

显示及设置主机名。

(1) 显示系统主机名。

格式:hostname

```
[jerry@localhost~]$hostname
localhost.localdomain
```

(2) 设置系统主机名,该命令必须由 root 用户才能执行。

格式:hostname 主机名

```
[root@localhost~]# hostname desktop1.example.com
[root@localhost~]# hostname
desktop1.example.com
```

2. ifconfig

显示及设置当前活动的网卡。

(1) 显示当前活动的(或指定的)网卡设置。

格式:ifconfig ［网卡设备名］

```
[root@ localhost ~ ]# ifconfig
ens160: flags= 4163< UP,BROADCAST,RUNNING,MULTICAST>  mtu 1500
        inet 192.168.18.130  netmask 255.255.255.0  broadcast 192.168.18.255
        inet6 fe80::d6c9:41da:b16e:9fc0  prefixlen 64  scopeid 0x20< link>
        ether 00:0c:29:72:5f:dc  txqueuelen 1000  (Ethernet)
        RX packets3018  bytes 1893904 (1.8 MiB)
        RX errors0  dropped 0  overruns 0  frame 0
        TX packets2080  bytes 240639 (234.9 KiB)
        TX errors0  dropped 0 overruns 0  carrier 0  collisions 0

lo: flags= 73< UP,LOOPBACK,RUNNING>  mtu 65536
        inet 127.0.0.1  netmask 255.0.0.0
        inet6 ::1  prefixlen 128  scopeid 0x10< host>
        loop  txqueuelen 1000  (Local Loopback)
        RX packets0  bytes 0 (0.0 B)
        RX errors0  dropped 0  overruns 0  frame 0
        TX packets0  bytes 0 (0.0 B)
        TX errors0  dropped 0 overruns 0  carrier 0  collisions 0

virbr0: flags= 4099< UP,BROADCAST,MULTICAST>  mtu 1500
        inet 192.168.122.1  netmask 255.255.255.0  broadcast 192.168.122.255
        ether 52:54:00:65:b0:7b  txqueuelen 1000  (Ethernet)
        RX packets0  bytes 0 (0.0 B)
        RX errors0  dropped 0  overruns 0  frame 0
        TX packets0  bytes 0 (0.0 B)
        TX errors0  dropped 0 overruns 0  carrier 0  collisions 0
```

其中 ens160 为系统中的活动网卡,UP 表示其状态为活动的。

(2) 重新设置网卡的 IP 地址,一般由 root 用户进行设置。

格式:ifconfig 网卡设备名 IP 地址

```
[root@ localhost ~ ]# ifconfig ens160 192.168.18.131
[root@ localhost ~ ]# ifconfig ens160
ens160: flags= 4163< UP,BROADCAST,RUNNING,MULTICAST>  mtu 1500
        inet 192.168.18.131  netmask 255.255.255.0  broadcast 192.168.18.255
        inet6 fe80::d6c9:41da:b16e:9fc0  prefixlen 64  scopeid 0x20< link>
        ether 00:0c:29:72:5f:dc  txqueuelen 1000  (Ethernet)
        RX packets3081  bytes 1900192 (1.8 MiB)
        RX errors0  dropped 0  overruns 0  frame 0
        TX packets2092  bytes 242457 (236.7 KiB)
        TX errors0  dropped 0 overruns 0  carrier 0  collisions 0
```

注意:该命令只能临时性更改 IP,若要永久生效,则必须更改网卡配置文件。

(3) 把指定的一块网卡设为多个虚拟 IP 地址,如下格式中 n 为指定网卡的编号,即网卡子接口。

格式:ifconfig　网卡设备名:n　IP

```
[root@ localhost ~ ]#  ifconfig ens160:1 192.168.18.132
[root@ localhost ~ ]#  ifconfig ens160:2 192.168.18.133
[root@ localhost ~ ]#  ifconfig
ens160: flags= 4163< UP,BROADCAST,RUNNING,MULTICAST>   mtu 1500
        inet 192.168.18.131  netmask 255.255.255.0  broadcast 192.168.18.255
        inet6 fe80::d6c9:41da:b16e:9fc0  prefixlen 64  scopeid 0x20< link>
        ether 00:0c:29:72:5f:dc  txqueuelen 1000  (Ethernet)
        RX packets3126  bytes 1904512 (1.8 MiB)
        RX errors0  dropped 0  overruns 0  frame 0
        TX packets2104  bytes 244137 (238.4 KiB)
        TX errors0  dropped 0 overruns 0  carrier 0  collisions 0

ens160:1: flags= 4163< UP,BROADCAST,RUNNING,MULTICAST>   mtu 1500
        inet 192.168.18.132  netmask 255.255.255.0  broadcast 192.168.18.255
        ether 00:0c:29:72:5f:dc  txqueuelen 1000  (Ethernet)

ens160:2: flags= 4163< UP,BROADCAST,RUNNING,MULTICAST>   mtu 1500
        inet 192.168.18.133  netmask 255.255.255.0  broadcast 192.168.18.255
        ether 00:0c:29:72:5f:dc  txqueuelen 1000  (Ethernet)

lo: flags= 73< UP,LOOPBACK,RUNNING>   mtu 65536
        inet 127.0.0.1  netmask 255.0.0.0
        inet6 ::1  prefixlen 128  scopeid 0x10< host>
        loop  txqueuelen 1000  (Local Loopback)
        RX packets0  bytes 0 (0.0 B)
        RX errors0  dropped 0  overruns 0  frame 0
        TX packets0  bytes 0 (0.0 B)
        TX errors0  dropped 0 overruns 0  carrier 0  collisions 0

virbr0: flags= 4099< UP,BROADCAST,MULTICAST>   mtu 1500
        inet 192.168.122.1  netmask 255.255.255.0  broadcast 192.168.122.255
        ether 52:54:00:65:b0:7b  txqueuelen 1000  (Ethernet)
        RX packets0  bytes 0 (0.0 B)
        RX errors0  dropped 0  overruns 0  frame 0
        TX packets0  bytes 0 (0.0 B)
        TX errors0  dropped 0 overruns 0  carrier 0  collisions 0)
```

说明：ens160 网卡由原来的一个 IP 设为多个虚拟 IP，这样 root 用户可以设置新的 IP 地址让普通用户终端登录本主机，root 用户通过启动和停止指定的新 IP 地址来控制其他用户的登录。

（4）激活和停止指定的网卡。

格式：ifconfig　网卡设备名　up | down

在安装完 Linux 系统时，在字符界面下执行 ifconfig 命令时查不到 eth0 网卡，有可能是网卡没有激活，所以采用“ifconfig　网卡设备名　up”命令来激活网卡。

3. ping

格式：ping　[－c 报文数]　目的主机地址

功能：ping 命令是最常用的网络测试命令，该命令通过向被测试的目的主机发送 ICMP 报文并收取回应报文，来测试当前主机到目的主机的网络连接状态。ping 命令默认会不间断地发送 ICMP 报文直到用户终止该命令。使用“－c”参数并指定相应的数目，可以控制 ping 命令发送报文的数量。

```
[root@localhost~]# ping 192.168.0.1
PING 192.168.0.1(192.168.0.1) 56(84) bytes of data.
64 bytes from 192.168.0.1:icmp_seq=1 ttl=64 time=0.043 ms
64 bytes from 192.168.0.1:icmp_seq=2 ttl=64 time=0.075 ms
64 bytes from 192.168.0.1:icmp_seq=3 ttl=64 time=0.085 ms
64 bytes from 192.168.0.1:icmp_seq=4 ttl=64 time=0.170 ms
64 bytes from 192.168.0.1:icmp_seq=5 ttl=64 time=0.083 ms
64 bytes from 192.168.0.1:icmp_seq=6 ttl=64 time=0.085 ms
^C
---192.168.0.1 ping statistics ---
6 packets transmitted, 6 received, 0%  packet loss, time 5628ms
rtt min/avg/max/mdev=0.043/0.090/0.170/0.038 ms
```

使用 Ctrl＋C 组合键可以终止该命令，回到提示符状态下。

4. nmcli

（1）获得网络设备列表：

格式：nmcli device　或 nmcli d

```
[root@ localhost ~ ]#  nmcli device
DEVICE       TYPE      STATE       CONNECTION
ens160       ethernet  connected   ens160
virbr0       bridge    connected   virbr0
lo           loopback  unmanaged   --
virbr0-nic   tun       unmanaged   --
```

（2）查看网卡连接信息：

格式：nmcli connection show ens160　或 nmcli c s ens160

注意：ens160 为演示机以太网卡，不同设备可能不同，以下演示皆为 ens160。

(3)启用网卡连接:

格式:nmcli c up ens160

(4)停止网卡:

格式:nmcli c down ens160

(5)删除网卡连接:

格式:nmcli c delete ens160

(6)创建网络连接并配置静态 IP 地址:

格式:nmcli connection add type ethernet con-name ens160 ifname ens160 ipv4. addr 192. 168. 1. 168/24 ipv4. gateway 192. 168. 1. 1 ipv4. method manual

(7)创建网络连接并配置动态 IP 地址:

格式:nmcli connection add type ethernet con-name ens160 ifname ens160 ipv4. method auto

(8)修改 IP 地址:

格式:nmcli connection modify ens160 ipv4. addr '192. 168. 1. 168/24'

nmcli connection up ens160

5. nmtui

nmtui 是一个文本界面的配置工具,用来管理网络设备比较便捷高效。具体操作为:

输入命令:

```
# nmtui
```

进入文本界面,如图 8-1 所示。

界面中选项的含义如下:

Edit a connection	编辑一个网络连接
Activate a connection	激活一个网络连接
Set system hostname	设置主机名
Quit	退出

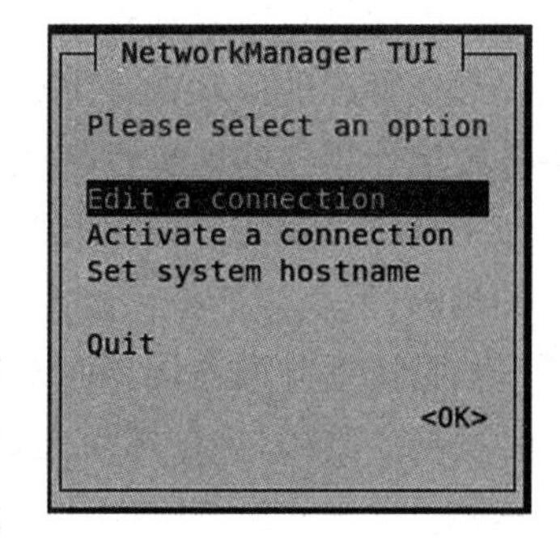

图 8-1 nmtui 界面

在 RHEL 8 中,网卡的实际配置保存在/etc/sysconfig/network-scripts/ifcfg-ens160 的文件中,ens160 为具体的网卡,对于不同的系统,ens 后的数值不同。以 ens160 为例,其配置文件内容为:

```
[root@ localhost network-scripts]# vi ifcfg-ens160
TYPE=Ethernet
PROXY_METHOD=none
BROWSER_ONLY=no
BOOTPROTO=none
DEFROUTE=yes
IPV4_FAILURE_FATAL=no
IPV6INIT=yes
IPV6_AUTOCONF=yes
IPV6_DEFROUTE=yes
```

```
IPV6_FAILURE_FATAL=no
IPV6_ADDR_GEN_MODE=stable-privacy
NAME=ens160
UUID=e5a71133-424b-473f-ab25-215ed7281d8c
DEVICE=ens160
ONBOOT=yes
IPADDR=192.168.18.130
PREFIX=24
GATEWAY=192.168.18.1
DNS1=8.8.8.8
```

修改该文件也可以更改网络配置，在修改完毕后，需要重启网络服务：

```
# systemctl restart NetworkManager.service
```

8.3 Linux远程管理

8.3.1 远程管理简介

远程访问是在网络上由一台计算机远距离去访问另一台计算机的技术。这里的“远程”是指通过网络控制远端计算机。

当操作者使用主控端计算机控制被控端计算机时，就如同坐在被控端计算机的屏幕前一样，可以启动被控端计算机的应用程序，可以使用被控端计算机的文件资料，甚至可以利用被控端计算机的外部打印设备和通信设备来进行打印和访问互联网。

远程管理的原理就是主控端计算机只是将键盘和鼠标的指令传送给远程计算机，同时将被控端计算机的屏幕画面通过通信线路回传过来。也就是说，控制被控端计算机进行操作似乎是在眼前的计算机上进行的，实质是在远程的计算机上实现的，不论打开文件，还是上网浏览、下载等都是存储在远程的被控端计算机中的。

如果按登录的连接界面来分，目前常见的远程连接服务器主要有字符界面和图形界面两种类型。其中，字符界面方式又分为明文传输和加密传输两种，所以归纳起来，一共有以下三种。

(1) 字符界面明文传输：以Telnet、RSH等为主，目前较少使用。

(2) 字符界面加密传输：以SSH为主，已经取代了上述的Telnet、RSH等明文传输方式。

(3) 图形界面：XDMCP、VNC、XRDP等较为常见。

在字符界面登录的连接服务器中，主要有以明文传输数据的Telnet服务器及利用加密技术进行数据加密后传输的SSH服务器。虽然Telnet支持的客户端软件比较多，但是由于它是采用明文传输的，所以在网络传输中不安全，因此现在大多采用SSH这种连接方式。

至于图形界面的连接服务器，比较简单的有XDMCP(X Display Manager Control Protocol)，架设XDMCP很简单，不过客户端的软件比较少。另一款目前很常见的图形连接服务器，就是VNC(Virtual Network Computing)，通过VNC Server/Client软件来进行连接。

本节主要介绍Telnet和SSH两种远程管理方式。

8.3.2 Telnet

Telnet 是 TCP/IP 协议网络的登录和仿真程序。其基本功能是允许用户登录并进入远程主机系统。它为用户提供了在本地计算机上完成远程主机工作的能力。Telnet 服务也是一种“客户端/服务器”(client/server)架构，Telnet 协议是 TCP/IP 协议族中的一员，是 Internet 远程登录服务的标准协议。应用 Telnet 协议能够把本地用户所使用的计算机变成远程主机系统的一个终端。

1. Telnet 服务的配置

首先检查系统中是否安装了 Telnet 软件包。telnet-server 软件包提供服务器端程序，telnet 软件包提供客户端程序。

(1)安装软件包：

```
# dnf install telnet telnet-server
```

(2)将 Telnet 服务添加到 Firewalld。

Telnet 通过端口 23 进行通信，需要在内置防火墙中允许：

```
# firewall-cmd--zone= public --add-service= telnet
```

再次使用“--permanent”标志执行命令，以在防火墙重启后保持持久：

```
# firewall-cmd --zone= public --add-service= telnet --permanent
```

(3)启动 telnet 服务。

启动 telnet 服务并在重新启动后启用它：

```
# systemctl start telnet.socket
# systemctl enable telnet.socket
```

2. 在远程 Telnet 客户端登录

在 Linux 客户端上安装 Telnet 软件包，默认只能以普通用户身份登录，使用命令“telnet　远程服务器 IP　端口号”即可登录远程 Telnet 服务器，这时屏幕出现的对话与用户在本地主机上连接的终端一样。

使用 Telnet 命令登录到服务器时，用户名、密码等在网络上是以明文方式进行传送的，系统存在极大的安全隐患，SSH 就是在这种背景下应运而生的。

8.3.3 SSH

SSH 的全称是 secure shell。通过使用 SSH，可以对所有传输的数据进行加密，这样既能够防范攻击又能够防止 IP 欺骗。还有一个好处，就是传输的数据是经过压缩的，这样可以加快传输的速度。OpenSSH 是 SSH 的替代软件，而且是免费的，它用安全、加密的网络连接工具代替了 Telnet、FTP 工具。

1. 启动 SSH 服务器

要运行 SSH 服务器的 OpenSSH 程序，必须首先确定安装了正确的 RPM 软件包 openssh－server，命令如下：

```
[root@ localhost ~ ]#  dnf info openssh
Installed Packages
Name          :openssh
Version        : 8.0p1
Release        : 3.el8
Architecture : x86_64
Size          : 2.2 M
Source         : openssh-8.0p1-3.el8.src.rpm
Repository    : @ System
From repo      : anaconda
Summary        : An open source implementation of SSH protocol version 2
URL            : http://www.openssh.com/portable.html
License        : BSD
Description    : SSH (Secure SHell) is a program for logging into and executing
               :commands on a remote machine. SSH is intended to replace rlogin
               :and rsh, and to provide secure encrypted communications between
               :two untrusted hosts over an insecure network. X11 connections and
               :arbitrary TCP/IP ports can also be forwarded over the secure
               :channel.
               :
               :OpenSSH is OpenBSD's version of the last free version of SSH,
               : bringing it up to date in terms of security and features.
               :
               : This package includes the core files necessary for both the
               :OpenSSH client and server. To make this package useful, you
               : should also installopenssh-clients, openssh-server, or both.
```

由以上可知，Linux 系统中预设含有 SSH 需要的所有套件，包含可以产生密码等协议的 OpenSSL 套件与 OpenSSH 套件，可直接启动。

使用命令“service sshd start”启动。

2. SSH 的安全验证方式

从客户端来看，SSH 提供两种级别的安全验证。

1）基于口令的安全验证

只要知道对方主机的用户账号和口令，就可以登录到远程主机。所有传输的数据都会被加密，但是不能保证用户正在连接的服务器就是需要连接的服务器，因为可能存在身份伪造的问题。

2）基于密钥的安全验证

需要依靠密钥来验证身份。客户端必须生成一对密钥，并把公钥放在需要远程访问的服务器上。如果要连接到 SSH 服务器，客户端会向服务器端发出请求，请求用登录用户的私钥进行安全验证。服务器收到请求之后，将用户发送过来的公钥和本机用户家目录下的公钥进行比对，如果一致，则服务器接受客户端的连接，并用公钥对文件加密并把它发送给客户端，客户端用私钥解密。

下面仅介绍基于口令的安全验证方式。

3. SSH 客户端联机

场景说明：

```
client:192.168.0.1
server:192.168.0.101
```

1）直接登入对方主机

命令为 ssh root@192.168.0.101 或 ssh user@192.168.0.101 或 ssh 192.168.0.101，即可以使用 root 身份登录或普通用户身份登录或当前用户身份登录。在登录过程中会提示是否接收公钥，输入“yes”，然后输入对方用户密码，例如：

```
[root@localhost~]# ssh 192.168.0.101
The authenticity of host '192.168.0.101(192.168.0.101)' can't be established.
RSA key fingerprint is 50:a8:fa:0c:78:ab:6c:ba:7a:d9:0c:d7:7a:2b:fa:21.
Are you sure you want to continue connecting(yes/no)? yes
Warning:Permanently added '192.168.0.101'(RSA) to the list of known hosts.
root@192.168.0.101's password:
```

2)不登入对方主机，直接在对方主机上执行指令

使用 scp 命令可以进行远程复制文件，而不必登入对方主机。例如：

```
scp test.txt root@192.168.0.101:/root
```

表示将本地 test.txt 文件复制到 192.168.0.101 的/root 目录中。

```
scp root@192.168.0.101:/root/test.txt .
```

表示将 192.168.0.101 的/root/test.txt 文件复制到本地当前目录中。

如果想要复制目录，可以加上“－r”命令选项。

本章小结

TCP/IP 是 Linux 网络的基础，主机必须获取网络配置参数才能与其他主机进行通信。网络中最重要的几个概念是 IP 地址、主机名、网关地址及 DNS，网络配置中的几个重要的配置文件是/etc/sysconfig/network－scripts/ifcfg－eth0、/etc/sysconfig/network、/etc/hosts 及/etc/resolv.conf。

RHEL 8 提供了丰富的网络命令，有些是用于配置网络的，有些是用于测试网络的，还有些是用于网络通信的，例如 hostname、ifconfig、ping、mail 以及 NetworkManager 下所使用的 nmcli、nmtui 等。

Linux 系统中常用的远程管理有 Telnet 和 SSH。Telnet 协议是 TCP/IP 协议族中的一员，是 Internet 远程登录服务的标准协议。应用 Telnet 协议能够把本地用户所使用的计算机变成远程主机系统的一个终端。使用 Telnet 命令登录到服务器时，用户名、密码等在网络上是以明文方式进行传送的，系统存在极大的安全隐患，而 SSH 可以对所有传输的数据进行加密，且数据是警告压缩的，因此使用很广泛。

习题

1. 选择题

（1）ifcfg-eth0 文件中哪个参数项将决定 IP 地址的获取方式？（　　）

A. ONBOOT　　B. TYPE　　C. BOOTPROTO　　D. IPADDR

（2）与“ifdown eth0”命令功能相同的是哪个命令？（　　）

A. ifup eth0 down　　B. ipconfig down eth0

C. ifconfig down eth0　　D. ifconfig eth0 down

（3）要发送 5 次数据包来测试与主机 abc. edu. cn 的连通性，应使用哪个命令？（　　）

A. ping－c 5 abc. edu. cn　　B. ping－a 5 abc. edu. cn

C. ifconfig－c 5 abc. edu. cn　　D. hostname－c 5 abc. edu. cn

（4）以下哪种方法设置的主机名重启后仍然有效？（　　）

A. 使用 hostname 命令　　B. 编辑/etc/sysconfig/network 文件

C. 编辑/etc/resolv. conf 文件　　D. 编辑/etc/hosts 文件

（5）下列文件中，包含了主机名到 IP 地址的映射关系的文件是哪个？（　　）

A. /etc/HOSTNAME　　B. /etc/hosts

C. /etc/resolv. conf　　D. /etc/networks

2. 思考题

配置主机的网络环境，要求如下：

（1）设置 IP 地址为 192. 168. 0. 10，子网掩码为 255. 255. 255. 0。

（2）设置主机名为 rhel8。

（3）使用 Telnet 登录到主机 192. 168. 0. 101。

（4）不登录主机，将本机文件/root/test. txt 复制到主机 192. 168. 0. 101 中的/tmp 目录下。

第 9 章 网络服务器

Linux 作为网络操作系统有着强大的网络服务功能。网络服务器是高性能的计算机，它具有网络管理、运行应用程序、处理网络工作站各成员的信息请示等功能，并连接相应外部设备等。本章主要介绍几种常用的网络服务器。

9.1 网络服务概述

9.1.1 服务器软件与网络服务

Linux 继承 UNIX 的稳定性和安全性等优良特点，并加上适当的服务器软件，即可满足绝大多数网络的应用要求。目前，越来越多的企业正基于 Linux 架设网络服务器，提供各种网络服务。运行于 Linux 平台的常用网络服务器软件如表 9-1 所示。

表 9-1 常用网络服务器软件

服务类型	软件名称	服务类型	软件名称
NFS 服务	NFS	DNS 服务	Bind
Web 服务	Apache	Mail 服务	Sendmail
FTP 服务	Vsftpd	DHCP 服务	Dhcp
Samba 服务	Samba	数据库服务	MySQL

网络服务器启动以后，通常守护进程来实现网络服务功能。守护进程又称为服务，总在后台运行，时刻监听客户端的服务请求。一旦客户端发出服务请求，守护进程就为其提供相应的服务。网络服务器软件总是对应着一定的网络服务，如表 9-2 所示。

表 9-2 常用网络服务

服务名	功能说明
nfs	NFS 服务器的守护进程，用于提供网络文件服务
httpd	Apache 服务器的守护进程，用于提供 WWW 服务
vsftpd	Vsftpd 服务器的守护进程，用于提供文件传输服务
smbd	Samba 服务器的守护进程，用于提供 Samba 文件共享服务
named	DNS 服务器的守护进程，用于提供域名解析服务
sendmail	Sendmail 服务器的守护进程，用于提供邮件服务

续表

服 务 名	功 能 说 明
dhcpd	DHCP 服务器的守护进程，用于提供 DHCP 的访问支持
network	激活/停用网络接口
mysqld	MySQL 服务器的守护进程，用于提供数据库服务

◆ 9.1.2 管理服务的 Shell 命令

systemctl 是 RHEL 7 以上版本的服务管理工具中主要的工具，它包含之前版本中的 service 和 chkconfig 命令的功能。

1. 启动、停止以及重启服务

格式：systemctl start | stop | restart | status 服务名

功能：启用、停止、重启指定的服务，或查看指定服务的状态。

例如，启用 SSH 服务：

```
# systemctl start sshd.service
```

停止 SSH 服务：

```
# systemctl stop sshd.service
```

重启 SSH 服务：

```
# systemctl restart sshd.service
```

查看 SSH 服务的状态：

```
# systemctl status sshd.service
• sshd.service - OpenSSH server daemon
   Loaded: loaded (/usr/lib/systemd/system/sshd. service; enabled; vendor
preset>
  Active: active (running) since Thu 2022-03-03 04:29:36 PST; 1min 10s ago
    Docs:man:sshd(8)
         man:sshd_config(5)
Main PID: 8498 (sshd)
   Tasks: 1 (limit: 11355)
  Memory: 1.1M
CGroup: /system.slice/sshd.service
        └─ 8498 /usr/sbin/sshd -D -oCiphers= aes256-gcm@ openssh. com,
chacha20-p>

Mar 03 04: 29: 36localhost. localdomain systemd[1]: Starting OpenSSH server
daemo>
Mar 03 04:29:36localhost.localdomain sshd[8498]: Server listening on 0.0.0.0
p>
Mar 03 04: 29: 36localhost. localdomain systemd[1]: Started OpenSSH server
daemon.
Mar 03 04:29:36localhost.localdomain sshd[8498]: Server listening on :: port 2>
```

2. 设置开机自动启动服务

格式：systemctl enable 服务名

功能：设置服务开机自动启用。

格式：systemctl disable 服务名

功能：设置服务禁止开机自动启用。

3. systemctl 命令的其他功能

格式：systemctl is-active 服务名

功能：查看服务是否运行。

格式：systemctl is-enable 服务名

功能：查看服务是否设置为开机启动。

格式：systemctl mask 服务名

功能：注销指定服务。

格式：systemctl unmask 服务名

功能：取消注销指定服务。

9.1.3 网络安全

1. 防火墙

防火墙是网络安全的重要机制，其基本功能在于：建立内部网与外部网、专用网与公共网之间的安全屏障，用于保证网络免受非法用户的入侵。具体而言，防火墙建立访问控制机制，确定哪些内部服务允许外部访问，以及允许哪些外部请求访问内部服务；还可以根据网络传输的类型决定数据包是否可以进出内部网络。

2. 开启与关闭防火墙

RHEL 8 中，可以通过 Web 控制台以图形化的界面对防火墙进行操作。RHEL Web 控制台是一个 Red Hat Enterprise Linux Web 界面，用于管理和监控本地系统，以及网络环境中的 Linux 服务器，Web 控制台通过浏览器与真实的 Linux 操作系统交互。

1)安装并启用 Web 控制台

启用并启动运行 Web 服务器的 cockpit. socket 服务：

```
# systemctl enable --now cockpit.socket
```

如果在安装变体中没有默认安装 Web 控制台，且用户使用自定义防火墙配置集，可将 cockpit 服务添加到 firewalld 中打开防火墙的端口 9090：

```
# firewall-cmd --add-service= cockpit --permanent
# firewall-cmd --reload。
```

2)打开 Web 控制台

在浏览器中打开 Web 控制台：

本地：https://localhost:9090。

远程使用服务器主机名：https://example. com:9090。

如图 9-1 所示，在登录界面中输入系统用户名和密码。然后单击“Log In”按钮。

成功验证后，会打开 RHEL Web 控制台界面，如图 9-2 所示。

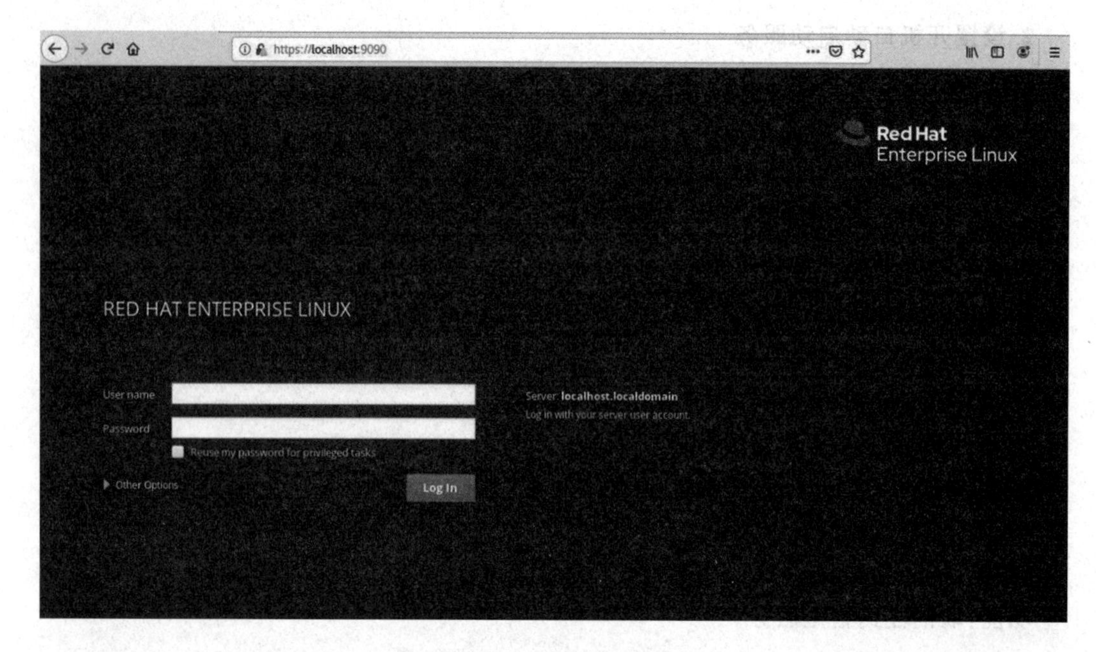

图 9-1　登录 Web 控制台

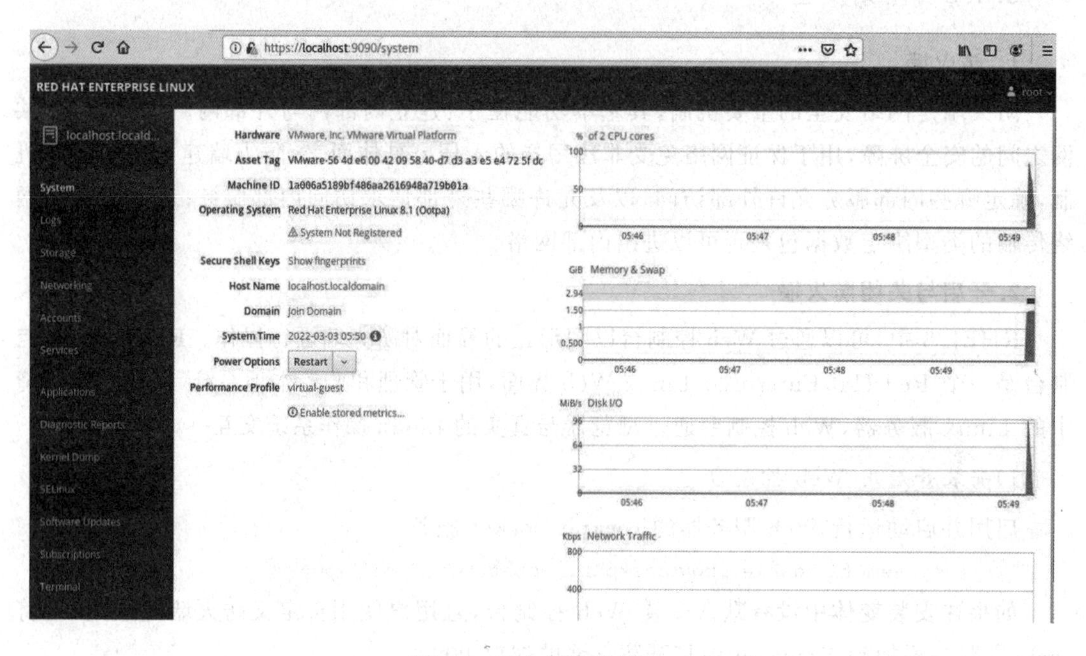

图 9-2　Web 控制台界面

3）开启与关闭防火墙

登录到 Web 控制台后，单击“Networking”选项卡，在“Firewall”部分，单击 ON/ OFF 来开启/关闭防火墙，如图 9-3 所示。

3. 配置自定义端口

使用管理员身份登录到 Web 控制台，依次单击“ Networking”“Firewall”，如图 9-4 所示。

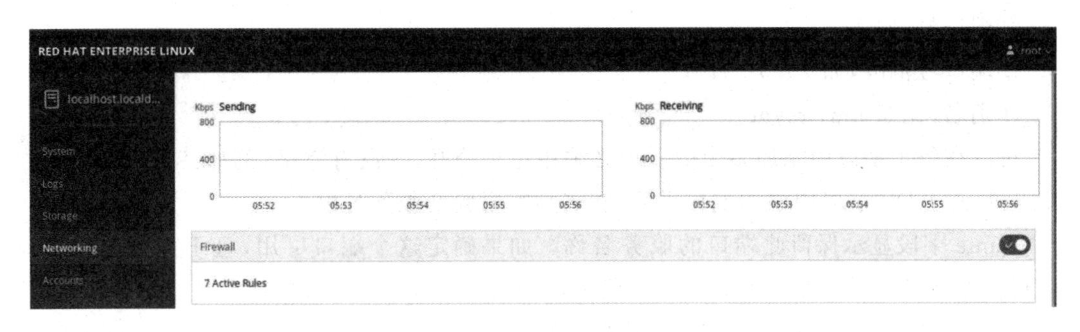

图 9-3　开启/关闭防火墙

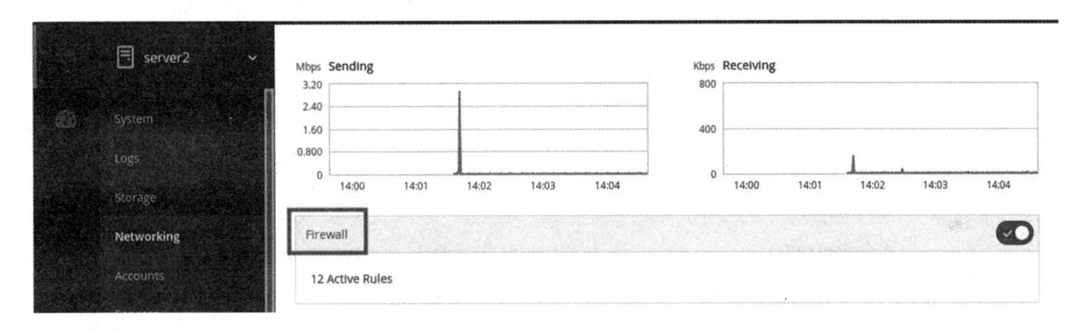

图 9-4　防火墙配置界面

在“ Firewall” 部分，单击“Add Services”按钮，如图 9-5 所示。

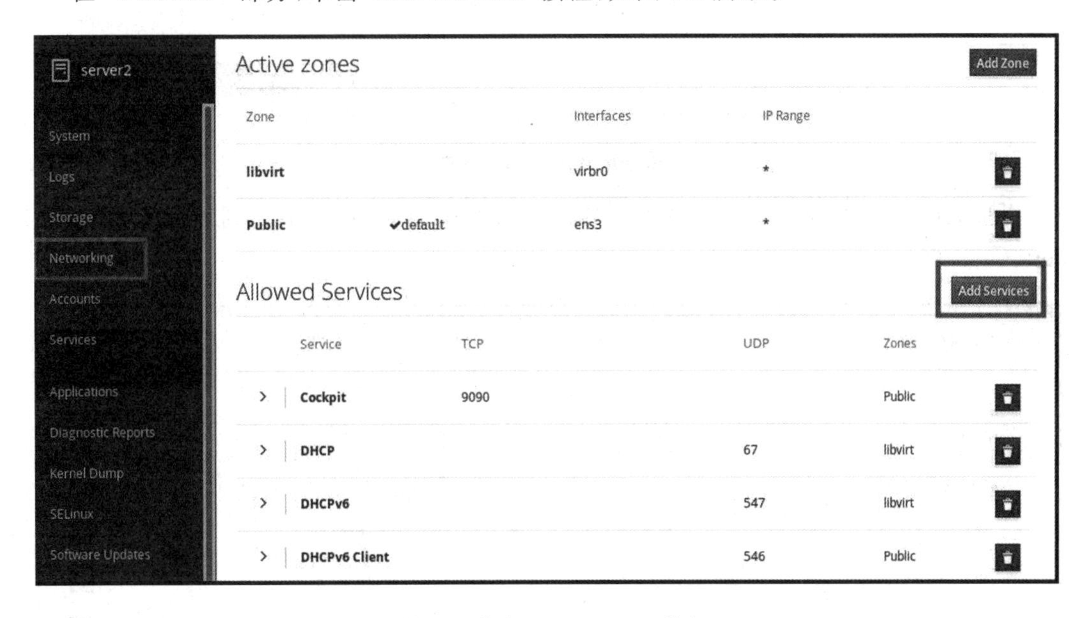

图 9-5　单击“Add Services”按钮

在 Add Services 对话框中，选择要添加该服务的区。只有系统包含多个活跃区时，Add Services 对话框才会包括一个活跃的防火墙区列表。如果系统只使用一个区（默认），则对话框不包括区设置。

在添加端口对话框中单击自定义端口单选按钮。

在 TCP 和 UDP 字段中，根据示例添加端口。可以使用以下格式添加端口：

①端口号，如 22；

②端口号范围，如 5900-5910；

③别名，比如 nfs，rsync。

可以在每个字段中添加多个值。值必须用逗号分开，且没有空格，例如：8080,8081。在 TCP 和/或 UDP 字段中添加端口号后，在名称字段验证服务名称。

Name 字段显示保留此端口的服务名称。如果确定这个端口可用，且不需要在该端口上通信，则可以重写名称。在 Name 字段中，为服务添加一个名称，包括定义的端口。

单击“Add Ports”，进入图 9-6 所示的界面。

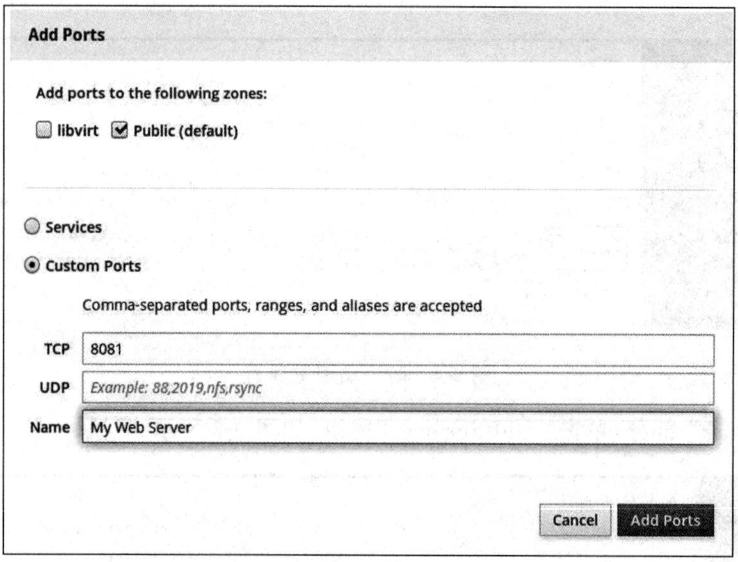

图 9-6　Add Ports 界面

要验证设置，就要进入防火墙页面，在 Allowed Services 列表中找到该服务，如图 9-7 所示。

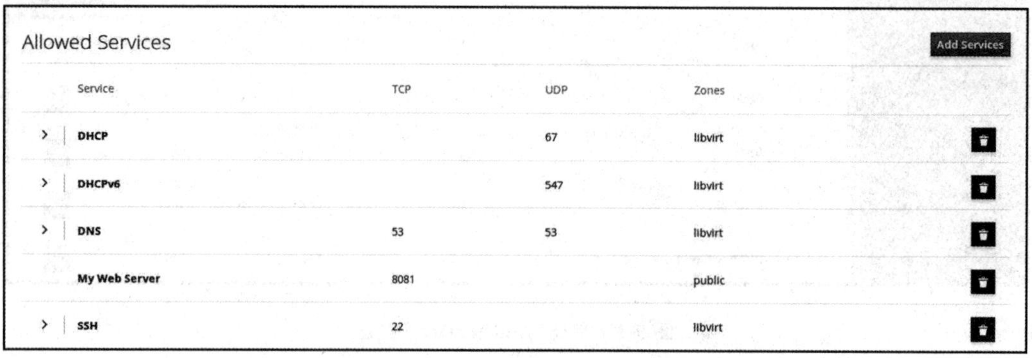

图 9-7　验证界面

4. 防火墙的配置命令

在 RHEL 8 中，也可以使用命令行的方式对防火墙进行配置，简要列表如下：

启动/停止防火墙：

```
systemctl start firewalld.service # 启动防火墙
systemctl stop firewalld.service # 停止防火墙
systemctl reload firewalld.service # 重载配置
systemctl restart firewalld.service # 重启服务
systemctl status firewalld.service # 显示服务的状态
systemctl enable firewalld.service # 在开机时启用服务
systemctl disable firewalld.service # 在开机时禁用服务
systemctl is-enabled firewalld.service # 查看服务是否开机启动
```

查看防火墙状态：

```
firewall-cmd --state # 查看防火墙状态
firewall-cmd --reload # 重载防火墙规则
firewall-cmd --list-ports # 查看所有打开的端口
firewall-cmd --list-services # 查看所有允许的服务
firewall-cmd --get-services # 获取所有支持的服务
```

区域相关：

```
firewall-cmd --list-all-zones # 查看所有区域信息
firewall-cmd --get-active-zones # 查看活动区域信息
firewall-cmd --set-default-zone= public # 设置 public 为默认区域
firewall-cmd --get-default-zone # 查看默认区域信息
firewall-cmd --zone= public --add-interface= eth0 # 将接口 eth0 加入区域 public
```

接口配置：

```
firewall-cmd --zone= public --remove-interface= eth0
# 从区域 public 中删除接口 eth0
firewall-cmd --zone= default --change-interface= eth0
# 修改接口 eth0 所属区域为 default
firewall-cmd --get-zone-of-interface= eth0 # 查看接口 eth0 所属区域 L
```

端口控制：

```
firewall-cmd --add-port= 80/tcp --permanent # 永久添加 80 端口例外(全局)
firewall-cmd --remove-port= 80/tcp --permanent # 永久删除 80 端口例外(全局)
firewall-cmd --add-port= 65001-65010/tcp --permanent
# 永久增加 65001-65010 例外(全局)
firewall-cmd --zone= public --add-port= 80/tcp --permanent
# 永久添加 80 端口例外(区域 public)
firewall-cmd --zone= public --remove-port= 80/tcp --permanent
# 永久删除 80 端口例外(区域 public)
firewall-cmd --zone= public --add-port= 65001-65010/tcp --permanent
# 永久增加 65001-65010 例外(区域 public)
firewall-cmd --query-port= 8080/tcp #  查询端口是否开放
firewall-cmd --permanent --add-port= 80/tcp #  开放 80 端口
firewall-cmd --permanent --remove-port= 8080/tcp #  移除端口
firewall-cmd --reload # 重启防火墙(修改配置后要重启防火墙)
```

5. SELinux

SELinux 全称是 security enhanced Linux，是由美国国家安全部领导开发的 GPL 项目，是一个灵活而强制性的访问控制结构，旨在提高 Linux 系统的安全性，提供强健的安全保证，可防御未知攻击。

SELinux 的配置文件为/etc/selinux/config，其内容极为简单，仅包含两项配置参数，其中最重要的是 SELINUX 参数。SELINUX 参数表示 SELinux 的运行模式，其值可设置为 enforcing、permissive 或 disabled，分别表示强制处理、发出警报和关闭 SELinux。关闭 SELinux，必须重启后方能生效。

/etc/selinux/config 文件的默认内容如下（省略"#"开头的注释行内容）：

```
SELINUX=enforcing
SELINUXTYPE=targeted
```

此时，SELinux 参数为 enforcing，也就是说，RHEL 默认启用 SELinux，当有不符合 SELinux 安全规则的访问时，SELinux 将自动屏蔽而不提示。

9.2 NFS 网络文件系统

9.2.1 NFS 服务简介

NFS(network file system，网络文件系统)，是 SUN 公司开发的，多用于 UNIX 操作系统中，它是连接在网络上计算机之间共享文件的一种方法，在这种系统中的文件就如同在本地计算机的硬盘上一样。

NFS 通常在局域网中使用，使用户能够实现文件共享，它的设计是为了在不同的系统之间使用。当主机系统把共享文件进行权限指定后，远程的客户机就可以利用 mount 命令把服务器上所共享的文件系统挂载到自己的文件系统下，使用远程的文件如同使用本地文件一样。

NFS 在文件传送或信息传送过程中依赖于 RPC 协议。RPC(remote procedure call，远程过程调用)是能使客户端执行其他系统中程序的一种机制。NFS 本身是没有提供信息传输的协议和功能的，但 NFS 却能让用户通过网络进行资源共享，这是因为 NFS 使用了一些其他的传输协议。而这些传输协议用到 RPC 功能，因此启动 NFS 服务也必须同时启动 RPC 服务。

9.2.2 NFS 服务器的配置

1. 安装软件包

NFS 服务所需的软件包为 nfs-utils 及 rpcbind，需要安装，命令如下：

```
# dnf install nfs-utils
# dnf install rpcbind
```

2. 配置文件

NFS 服务的配置文件为/etc/exports，这个文件是 NFS 的主要配置文件，不过系统并没有默认值，所以这个文件不一定会存在，若不存在则使用 vim 手动创建，并在文件中写入配置内容。

在/etc/exports文件中，每行提供一个共享目录的设置，每行内容格式为：

<输出目录>[客户端1选项(访问权限，用户映射，其他)]…

(1) 输出目录：指NFS系统中需要共享给客户机使用的目录。

(2) 客户端：指网络中可以访问这个NFS输出目录的计算机。

客户端常用的指定方式如下。

- 指定IP地址的主机：192.168.0.1。
- 指定子网中的所有主机：192.168.0.0/24或192.168.0.0/255.255.255.0。
- 指定域名的主机：desktop1.example.com。
- 指定域中的所有主机：*.example.com。
- 指定所有主机：*。

(3) 选项：设置输出目录的访问权限、用户映射等。

NFS主要有3类选项：访问权限选项、用户映射选项和其他选项。

① 访问权限选项。

- 设置输出目录只读：ro。
- 设置输出目录读写：rw。

② 用户映射选项。

- all_squash：将远程访问的所有普通用户及所属组都映射为匿名用户或组(nfsnobody)。
- no_all_squash：与all_squash取反(默认设置)。
- root_squash：将root用户及所属组都映射为匿名用户或组(默认设置)。
- no_root_squash：与root_squash取反。
- anonuid=xxx：将远程访问的所有用户都映射为匿名用户，并指定该用户为本地用户(UID=xxx)。
- anongid=xxx：将远程访问的所有组都映射为匿名组，并指定该匿名组账户为本地组账户(GID=xxx)。

③ 其他选项。

- secure：限制客户端只能从小于1024的TCP/IP端口连接NFS服务器(默认设置)。
- insecure：允许客户端从大于1024的TCP/IP端口连接服务器。
- sync：将数据同步写入内存缓冲区与磁盘中，效率低，但可以保证数据的一致性。
- async：将数据先保存在内存缓冲区中，必要时才写入磁盘。
- wdelay：检查是否有相关的写操作，如果有则将这些写操作一起执行，这样可以提高效率(默认设置)。
- no_wdelay：若有写操作则立即执行，应与sync配合使用。
- subtree：若输出目录是一个子目录，则NFS服务器将检查其父目录的权限(默认设置)。
- no_subtree：即使输出目录是一个子目录，NFS服务器也不检查其父目录的权限，这样可以提高效率。

3. 服务启动与测试

在对/etc/exports文件进行了正确的配置后，就可以启动NFS服务器了。

例如，假定服务器为192.168.0.101，对服务器上的配置文件做如下配置：

```
[root@localhost~]# cat/etc/exports
/home/share 192.168.0.1(sync,rw)
```

配置完成后，使用如下命令启动 NFS 服务：

```
[root@ localhost ~ ]# systemctl start nfs-server
```

查看 NFS 服务的状态：

```
[root@ localhost ~ ]# systemctl status nfs-server
● nfs-server.service - NFS server and services
  Loaded: loaded (/usr/lib/systemd/system/nfs-server. service; disabled; vendor>
  Active: active (exited) since Wed 2022-04-13 00:13:23 EDT; 3min 3s ago
  Process: 32246ExecStart = /bin/sh -c if systemctl -q is-active gssproxy; then >
  Process: 32232ExecStart = /usr/sbin/rpc. nfsd (code = exited, status = 0/SUCCESS)
  Process: 32231ExecStartPre= /usr/sbin/exportfs -r (code= exited, status= 0/SUCC>
Main PID: 32246 (code= exited, status= 0/SUCCESS)

Apr 13 00: 13: 23localhost. localdomain systemd [1]: Starting NFS server and servi>
Apr 13 00: 13: 23localhost. localdomain systemd [1]: Started NFS server and servic>
```

如需要关闭 NFS 服务，使用命令：

```
[root@ localhost ~ ]# systemctl stop nfs-server
```

当服务成功启动后，可以在服务器端进行测试。

```
[root@localhost~]# showmount - e localhost
Export list for localhost:
/home/share 192.168.0.1
```

使用命令“exportfs －v”查看生效的功能。

```
[root@localhost~]# exportfs -v
/home/share 192.168.0.1(rw,wdelay,root_squash,no_subtree_check)
```

如果 Firewalld 正在运行，要允许 NFS 服务，否则其他客户端无法访问：

```
# firewall-cmd --add-service= nfs --permanent
# firewall-cmd --add-sevice = {rpc-bind, mountd, nfs, nlockmgr, portmapper} --permanent
# firewall-cmd --reload
```

如需要启用 SELINUXboolean，可使用命令：

```
# setsebool -P nfs_export_all_rw 1
```

9.2.3 客户端挂载 NFS 文件系统

客户端想要挂载网络中的 NFS 文件系统，必须查看是否提供给该客户机访问权限，即客户机是否满足 NFS 主机指定的客户机 IP 地址范围，如果满足方可挂载使用。

当要扫描某一主机所提供的 NFS 共享的目录时，使用“showmount －e IP(或主机名称)”即可。

例如，假设客户端 IP 为 192.168.0.1，扫描服务器 192.168.0.101 上提供的共享目录，可以使用以下命令：

```
[root@localhost~]# showmount -e 192.168.0.101
Export list for 192.168.0.101:
/home/share 192.168.0.1
```

1. 手动挂载

在 NFS 主机指定的客户机上使用 mount 命令挂载 NFS 服务器的共享目录到本地目录上。

命令格式：

mount －t nfs NFS 服务器地址:共享目录 本地挂载点

例如：

```
[root@localhost~]# mount -t nfs 192.168.0.101:/home/share/data
[root@localhost~]# df -h
Filesystem                     Size  Used Avail  Use%   Mounted on
/dev/sda2                      4.0G  3.1G  690M  82% /
tmpfs                          932M  224K  932M  1%     /dev/shm
/dev/sda1                       97M   34M   59M  37%    /boot
/dev/sda5                      504M   18M  462M  4%     /home
/dev/sr0                       3.6G  3.6G     0  100%   /media
192.168.0.101:/home/share      504M   18M  461M  4%     /data
```

其中，/data 为本地的挂载点，该目录必须为已建好的空目录，也可以使用其他空目录，挂载后就可以进入该目录来访问共享的网络文件系统了。

该例采用命令行方式挂载，仅当前有效，若要系统每次开机均生效，则需要将该挂载条目写入/etc/fstab 文件中。

2. 自动挂载

手动挂载方式中，每次需要访问 NFS 文件系统必须手动挂载，使用完后必须手动卸载，给用户带来许多麻烦，在实际工作中，往往希望能实现以下功能：

(1) 让客户端在有使用 NFS 文件系统的需求时才让系统自动挂载；

(2) 当 NFS 文件系统使用完毕后，让 NFS 自动卸载。

要实现以上功能，则需要用到 autofs 自动挂载服务。

autofs 服务安装：

```
# dnf install autofs
```

autofs 服务在客户端计算机上持续地检测某个指定的目录，并预先设置当使用到该目录下的某个子目录时，将会取得来自服务器端的 NFS 文件系统资源，并进行自动挂载的操作。

配置自动挂载是在 NFS 客户端进行配置的，与 NFS 服务器没有关系。

例如，要将服务器上的共享目录/home/share 自动挂载到本地目录/data/test 上，配置过程如下。

（1）首先配置 autofs 的配置文件，用 vi 编辑器打开配置文件/etc/auto. master，添加如下内容：

```
/data  /etc/auto.nfs   -- timeout=10
```

- /data：autofs 服务在客户端持续检测的目录，客户端在向 NFS 服务器发送请求信号时，一定要在这个目录下进行，否则是无效的。
- /etc/auto. nfs：一个与/etc/auto. master 相关联的配置文件，包含 NFS 服务器共享文件的路径、本地在/mnt 目录中要与远程共享文件挂载的目录及权限等。
- ——timeout＝10：指客户端在多久没有向 NFS 服务器请求数据时断开挂载连接。

（2）配置/etc/auto. nfs，因为系统本身没有这个文件，文件名也可以随意取，只要能让 auto. master 与 auto. nfs 关联到一起就行了。用 vi 编辑器创建该文件，并添加以下内容：

```
test  192.168.0.101:/home/share
```

- test：本地目录/data 下的子目录，不需要创建它，用于挂载远程共享文件系统 192. 168. 0. 101：/home/share，当客户端想要使用远程共享目录/home/share 时，只要在本地目录/data 下输入“cd test”，系统就会自动将 192. 168. 0. 101：/home/share 挂载到本地目录/data/test 上，用户就可以正常使用里面的共享文件了，在到达超时时就会自动卸载。
- 192. 168. 0. 101：/home/share：远程 NFS 共享目录。

（3）重新启动 autofs 服务。

```
[root@ localhost ~ ]#  systemctl stop autofs

[root@ localhost ~ ]#  systemctl start autofs
```

（4）测试。

在客户端 192. 168. 0. 1 上，首先查看/data 目录：

```
[root@localhost~]# cd/data
[root@localhost data]# ll
total 0
```

发现/data 中没有任何文件，现在向 NFS 服务器发送信号：

```
[root@localhost data]# cd test
[root@localhost test]# ll
total 4
-rw-r-- r--.1 root root 6 Jan 12 12:51 file1.txt
```

可以看到进入 test 目录，看到了远程 NFS 服务器的文件，自动挂载成功，也可以使用 mount 命令或“df －h”查看一下挂载情况，10 秒后自动卸载。

9.3 Web 服务

目前，Internet 中最热门的服务是 Web 服务，也称为 WWW 服务。Web 服务系统采用客户机/服务器工作模式，客户机与服务器都遵循 HTTP 协议，默认采用 80 端口进行通信。

Web 服务器负责管理 Web 站点的管理与发布，通常使用 Apache、Microsoft IIS 等服务器软件。Web 客户机利用 Internet Explorer、Firefox 等网页浏览器查看网页。

Apache 是目前架构 Web 服务器的首选软件，主要是因为 Apache 可运行于 UNIX、

Linux 和 Windows 等多种操作系统平台，其功能强大、技术成熟，而且是自由软件，代码完全开放。

Linux 凭借其高稳定性成为架设 Web 服务器的首选，而基于 Linux 架设 Web 服务器时通常采用 Apache 软件。

◆ 9.3.1 Apache 服务器的安装与启动

1. 检测与安装 Apache

首先检测主机中是否已安装 Apache 软件，若已安装则出现如下信息：

```
[root@localhost~]# rpm -qa | grep httpd
httpd -2.2.15- 29.el6_4.x86_64
httpd -tools -2.2.15 -29.el6_4.x86_64
```

若没有检测到软件包，则需要安装该软件：

```
[root@ localhost ~ ]# dnf install httpd
```

2. Apache 服务的启动与停止

当安装完 Apache 服务器后，可以使用如下命令查看 Apache 服务器的运行状态：

```
[root@ localhost ~ ]# systemctl status httpd
```

使用如下命令进行服务启动：

```
[root@ localhost ~ ]# systemctl start httpd
```

使用如下命令进行服务重启：

```
[root@ localhost ~ ]# systemctl restart httpd
```

为了保证下次开机 httpd 服务自动启动，则运行如下命令：

```
[root@ localhost ~ ]# systemctl enable httpd
```

3. 测试 Apache 服务器运行状态

要测试 Apache 服务器是否安装成功，启动 httpd 服务后，还必须允许 Web 服务通过防火墙，运行如下命令：

```
[root@ localhost ~ ]# firewall-cmd --permanent --add-service= http
[root@ localhost ~ ]# firewall-cmd --reload
```

接着打开 Firefox 浏览器，输入 Linux 服务器的 IP 地址进行访问，若出现图 9-8 或图 9-9 所示的测试页面(取决于所使用的软件仓库)，则表示 Web 服务器安装正确并运转正常。

HTTP SERVER **TEST PAGE**

This page is used to test the proper operation of the HTTP server after it has been installed. If you can read this page it means that this site is working properly. This server is powered by CentOS.

图 9-8　Apache 测试页面

Red Hat Enterprise Linux **Test Page**

This page is used to test the proper operation of the Apache HTTP server after it has been installed. If you can read this page, it means that the Apache HTTP server installed at this site is working properly.

If you are a member of the general public: **If you are the website administrator:**

图 9-9 RHEL 测试页面

9.3.2 Apache 服务器的配置

Apache 服务器的功能十分强大，可实现访问控制、认证、用户个人站点及虚拟主机等功能，本节仅介绍基本配置。

1. 配置文件

Apache 服务器的配置文件为/etc/httpd/conf/httpd.conf，根据 Apache 服务器的默认设置，Web 站点的相关文件保存在/var/www 目录，Web 站点的日志文件保存在/var/log/httpd 目录。

Apache 的配置文件代码很长，参数复杂，本节仅选取最常用的设置选项进行介绍。

httpd.conf 配置文件由三部分组成：全局环境、主服务器配置和虚拟主机。其中全局环境的默认配置基本能满足用户需求，用户可能需要修改的全局参数有以下几个。

（1）相对根目录：Apache 存放配置文件和日志文件的目录，默认为/etc/httpd，此目录一般包含 conf 和 logs 子目录。如：ServerRoot "/etc/httpd"。

（2）响应时间：如果超过该段时间仍然没有传输任何数据，则 Apache 服务器将断开与客户端的连接，响应时间以秒为单位，默认为 60s。如：Timeout 60。

（3）保持激活状态：默认不保持与 Apache 服务器的连接为激活状态，为了提高访问性能，可将其改为 on，保持连接。如：KeepAlive off。

（4）最大请求数：每次连接可提出的最大请求数量，默认值为 100，设为 0 则表示无限制。如：MaxKeepAliveRequests 100。

（5）监听端口：默认监听本机的所有 IP 地址的 80 端口。如：Listen 80。

2. 基本配置

1）Web 站点主目录

在配置文件中，检索关键字 DocumentRoot，可以看到如下信息：

```
DocumentRoot "/var/www/html"
```

Apache 配置文件默认的 Web 站点 html 文档主目录在/var/www/html 中，在该目录中建立 Web 站点，如访问该目录下的站点子目录 test 下的网页 default.html，则在浏览器中访问地址栏输入以下内容：(假设 Web 站点服务器主机 IP 地址为 192.168.0.101)

```
http://192.168.0.101/test/default.html
```

2）Web 站点主页检索列表设置

站点主页就是访问站点默认的起始页，一般情况下，访问站点只输入站点域名或 IP

地址即可，如访问“百度”站点，输入 http://www.baidu.com 即可浏览，实际上访问的页面可能是 http://www.baidu.com/index.html，而用户不用输入主页名即可浏览，浏览该站的第一个页面即为主页或起始页，Web 服务器一般已经设置好网站访问的主页检索列表。

在配置文件中，检索指令关键字 DirectoryIndex，可以看到如下信息：

```
DirectoryIndex  index.html  index.html.var
```

默认站点主页检索文件列表为 index.html 和 index.html.var 两个文件，文件间用空格隔开，检索顺序依次从左到右，可根据实际需要进行修改。更改完成后保存该配置文件，若要立即生效则必须重启 httpd 服务，并将包括 index.html 在内的相关文件复制到指定的 Web 站点根目录(默认为/var/www/html)即可架设起一个最简单的 Web 服务器。

3. 个人 Web 站点配置

配置 Apache 服务器还能让 Linux 的每位用户都能架设其个人 Web 站点。首先必须修改配置文件，允许架设个人 Web 站点。

(1)修改/etc/httpd/conf.d/userdir.conf 配置文件，参考如下设置，对 userdir.conf 文件的内容进行修改。

```
< IfModule mod_userdir.c>
  UserDir disable root      //禁止 root 用户使用自己的个人站点，主要出于安全考虑
  UserDir public_html      //对每个用户 Web 站点目录的设置
< /IfModule>

< Directory "/home/* /public_html">    //设置每个用户 Web 站点目录的访问权限
    AllowOverride FileInfo AuthConfig Limit Indexes
    OptionsMultiViews Indexes SymLinksIfOwnerMatch IncludesNoExec
    Require method GET POST OPTIONS
< /Directory>
```

修改完毕后保存，然后重启 Apache 服务器：

```
[root@ localhost ~ ]#  systemctl restart httpd
```

(2)为每个用户的 Web 站点目录配置访问控制。

以 melody 用户为例，执行命令如下。

```
[root@ localhost ~ ]# su -melody
[melody@ localhost ~ ]$ mkdir public_html
[melody@ localhost ~ ]$  cd ./public_html
[melody@ localhost public_html]$  touch index.html
[melody@ localhost public_html]$  echo "Melody's Web Site."> index.html
[melody@ localhost public_html]$ cd /home
[melody@ localhost home]$ chmod 711 /home/melody
[melody@ localhost home]$ chmod 755 /home/melody/public_html
[melody@ localhost home]$ exit
```

```
    [root@ localhost ~ ]# chcon -R -t httpd_sys_content_t /home/melody/public_
html/
    [root@ localhost ~ ]# setsebool -P httpd_enable_homedirs 1
```

(3)重启 Apache 服务器：

```
    [root@ localhost ~ ]# systemctl restart httpd
```

(4)重启 httpd 服务后，访问站点。

如图 9-10 所示，在客户端访问以上所创建的 index.html 主页文件，如服务器 IP 地址为 192.168.0.101，则地址栏中输入的地址为：

```
    http://192.168.0.101/~melody
```

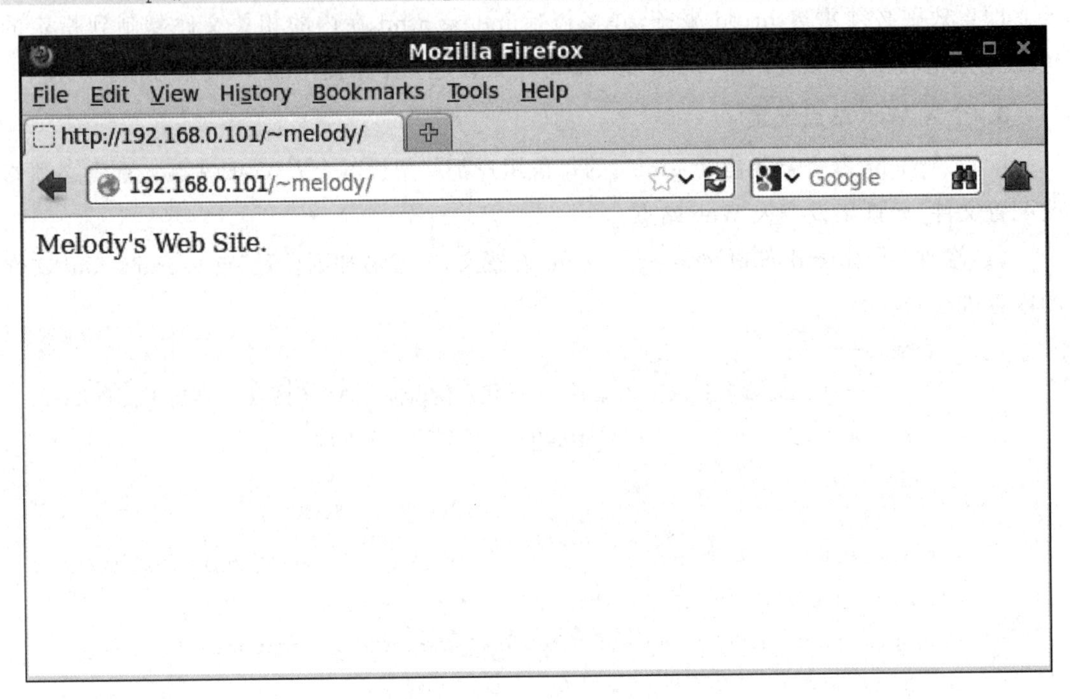

图 9-10 访问个人用户 Web 站点

9.4 FTP 服务

在网络中，用户可以采用多种方式传送文件，但 FTP 凭借其简单高效的特性，仍然是跨平台直接传送文件的主要方式。FTP 服务采用客户机/服务器模式，用户利用 FTP 客户端程序连接到 FTP 服务器，FTP 服务器执行用户所发出的命令，并将执行结果返回给客户机。

在传输过程中，FTP 服务器与 FTP 客户机之间建立两个连接：控制连接和数据连接。控制连接用于传送 FTP 命令以及响应结果，而数据连接负责传送文件。通常，FTP 服务器的守护进程总是监听 21 端口，等待控制连接的建立请求。控制连接建立之后，FTP 服务器验证用户身份，然后才会建立数据连接。

9.4.1 Vsftpd 服务器的安装与启动

Vsftpd 是 Linux 系统中 FTP 服务器软件，基于 GPL 协议开发，功能强大。RHEL 8 默认未安装 Vsftpd 服务器，可采用 yum 进行安装。

```
[root@ localhost ~ ]# dnf install vsftpd
```

安装成功后，可以采用如下命令进行服务的启动、停止和重启。

```
[root@ localhost ~ ]# systemctl start vsftpd

[root@ localhost ~ ]# systemctl stop vsftpd

[root@ localhost ~ ]# systemctl restart vsftpd
```

为保证 FTP 服务器能发挥作用，必须允许 FTP 服务进程通过防火墙。

```
[root@ localhost ~ ]# firewall-cmd --permanent --add-service= ftp
```

如需要开机后，自动启动 vsftpd 服务，则使用：

```
[root@ localhost ~ ]# systemctl enable vsftpd
```

9.4.2 Vsftpd 服务器的相关配置文件

与 Vsftpd 服务器相关的文件和目录较多，其中最重要的是主配置文件/etc/vsftpd/vsftpd.conf，另外两个相关文件是/etc/vsftpd/user_list、/etc/vsftpd/ftpusers，还有一个匿名用户的默认文件目录/var/ftp。当 Vsftpd 服务运行时，首先从 vsftpd.conf 文件获取配置信息，然后配合 ftpusers 和 user_list 文件决定可访问的用户列表。

1. Vsftpd 服务器的用户

Vsftpd 服务器的用户主要分为本地用户和匿名用户两类。

(1) 本地用户：在 Vsftpd 服务器上拥有账号的用户。本地用户输入自己的用户名和密码后可登录 Vsftpd 服务器，并且直接进入该用户的家目录。

(2) 匿名用户：在 Vsftpd 服务器上没有账号。如果 Vsftpd 服务器提供匿名访问功能，则输入匿名用户名(ftp 或 anonymous)，不用输入密码即可登录。匿名用户登录后，进入匿名 FTP 服务目录/var/ftp。

2. vsftpd.conf 文件

vsftpd.conf 文件决定 Vsftpd 服务器的主要功能。vsftpd.conf 文件中可以定义多个配置参数，表 9-3 列出了最常用的部分配置参数。

表 9-3　Vsftpd 服务器的主要配置参数

参数名	说明
anonymous_enable	是否允许匿名登录，默认为 YES
local_enable	是否允许本地用户登录，默认为 YES
write_enable	是否开放写入权限，默认为 YES
local_umask	文件创建的初始权限，默认为 022，即目录权限 755，文件为 644
dirmessage_enable	是否能够浏览目录内的信息，默认为 YES
userlist_enable	是否启用 user_list 文件，默认为 YES
listen	Vsftpd 服务器的运行方式，默认为 YES，即以独立方式运行

续表

参数名	说明
xferlog_enable	是否启用日志功能，默认为 YES
xferlog_std_format	是否采用标准日志格式，默认为 YES
connect_from_port_20	是否启用 20 端口进行数据连接，默认为 YES
pam_service_name	验证方式，默认为 vsftpd，不需要修改
tcp_wrapper	是否启用防火墙，默认为 YES

vsftpd. conf 文件的默认内容如下（省略“#”开头的注释行内容）：

```
anonymous_enable=YES
local_enable=YES
write_enable=YES
local_umask=022
dirmessage_enable=YES
xferlog_enable=YES
connect_from_port_20=YES
xferlog_std_format=YES
listen=YES

pam_service_name=vsftpd
userlist_enable=YES
tcp_wrappers=YES
```

根据 Vsftpd 服务器的默认设置，本地用户和匿名用户都可以登录。本地用户默认进入其个人家目录，并可以切换到其他有权访问的目录，还可以上传、下载文件。匿名用户只能下载/var/ftp 目录下的文件，该目录下默认无任何文件。

3. ftpusers 文件

/etc/vsftpd/ftpusers 文件用于指定不能访问 Vsftpd 服务器的用户列表。文件格式为每个用户占一行，包含的用户通常是 Linux 系统的超级用户 root 和系统用户。ftpusers 文件的默认内容如下。

```
# Users that are not allowed to login via ftp
root
bin
daemon
adm
lp
sync
shutdown
halt
mail
```

```
news
uucp
operator
games
nobody
```

4. user_list 文件

/etc/vsftpd/user_list 文件中也是用户列表，其是否起效取决于 vsftpd.conf 文件中的 userlist_deny 参数。当 userlist_deny=YES 时，user_list 文件中的用户不能访问 Vsftpd 服务器，甚至连密码都不能输入；而如果 userlist_deny=NO 时，则表示只有 user_list 文件中的用户才能访问 Vsftpd 服务器。

9.4.3 Vsftpd 服务器的配置

1. 设置匿名用户的权限

根据 Vsftpd 服务器的默认设置，匿名用户可以下载/var/ftp 目录中的所有文件，但是不能上传文件。vsftpd.conf 文件中在“write_enable=YES”设置语句存在的前提下，取消以下两行前的“#”符号可设置匿名用户的权限。

```
anon_upload_enable=YES
anon_mkdir_write_enable=YES
```

同时，还必须修改上传目录的权限，增加其他用户的写权限，否则仍然无法上传文件和创建目录。

例如，配置 Vsftpd 服务器，要求只允许匿名用户登录。匿名用户可在/var/ftp 目录中新建目录、上传和下载文件。

(1) 编辑 vsftpd.conf 文件，使其一定包含以下命令行：

```
anonymous_enable=YES
local_enable=NO
write_enable=YES
anon_upload_enable=YES
anon_mkdir_write_enable=YES
connect_from_port_20=YES
listen=YES
tcp_wrappers=YES
```

(2) 修改/var/ftp/pub 目录的权限，允许其他用户写入文件。

```
[root@localhost vsftpd]# cd/var/ftp
[root@localhost ftp]# ls -l
total 4
drwxr -xr -x.2 root root 4096 Jan 13 19:30 pub
[root@localhost ftp]# chmod 777 pub
[root@localhost ftp]# ls -l
total 4
drwxrwxrwx.2 root root 4096 Jan 13 19:30 pub
```

（3）重启 Vsftpd 服务器。

```
[root@ localhost ~ ]#  systemctl restart vsftpd
```

2. 限制本地用户的访问

Vsftpd 服务器提供多种方法限制某些本地用户登录服务器。

（1）直接编辑 ftpusers 文件，将禁止登录的用户名写入。

（2）直接编辑 user_list 文件，将禁止登录的用户名写入，同时，在 vsftpd. conf 文件中设置"userlist_enable＝YES"和"userlist_deny＝YES"，则 user_list 文件中指定的用户不能访问 FTP 服务器。

（3）直接编辑 user_list 文件，将允许登录的用户名写入，同时，在 vsftpd. conf 文件中设置"userlist_enable＝YES"和"userlist_deny＝NO"，则只允许 user_list 文件中指定的用户访问 FTP 服务器。若某用户同时出现在这两个文件中，那么该用户将不允许登录，因为 Vsftpd 总是先执行 user_list 文件，再执行 ftpusers 文件。

例如，配置 Vsftpd 服务器，只允许本地用户登录，但禁止 helen 用户登录。

（1）编辑 vsftpd. conf 文件，开启本地用户功能，关闭匿名功能。

```
anonymous_enable=NO
local_enable=YES
```

（2）编辑 user_list 文件，使其包括 helen。

（3）重启 Vsftpd 服务器。

3. 禁止跳出家目录

根据 Vsftpd 服务器的默认设置，本地用户可跳出家目录，切换到其他目录进行浏览，并在权限范围内进行上传和下载，这样的默认设置不安全，应通过设置 chroot 等参数，禁止用户跳出家目录。

1）设置所有的本地用户都不可跳出家目录

将配置语句"chroot_local_user＝YES"添加到 vsftpd. conf 文件中。

2）设置指定用户不可跳出家目录

编辑 vsftpd. conf 文件，取消以下配置语句前的"#"符号，指定/etc/vsftpd/chroot_list 文件中的用户不能跳出其家目录。

```
chroot_list_enable=YES
chroot_list_file=/etc/vsftpd/chroot_list
```

检查 vsftpd. conf 文件中是否存在"chroot_local_user＝YES"语句，若存在，则将其修改为"chroot_local_user＝NO"，或者在此语句前加"#"，将其注释掉。

在/etc 目录下创建 chroot_list 文件，其格式与 user_list 相同，每个用户占一行。

4. 设置欢迎信息

编辑 vsftpd. conf 文件中的 ftpd_banner 参数可设置用户连接到 Vsftpd 服务器后出现的欢迎信息。ftpd_banner 所在行默认为注释行，去掉"#"符号，如下所示：

```
ftpd_banner=Welcome to blah FTP Service
```

则用户在连接到 Vsftpd 服务器后将显示"Welcome to blah FTP Service"欢迎信息。

9.4.4 Vsftpd服务的客户端访问

FTP采用“客户机/服务器”模式，当服务器端程序启动生效后，客户端程序访问服务器端不受操作系统限制，常用的方式有以下几种：FTP客户端命令方式、浏览器访问方式及客户端专用软件访问方式。本节仅介绍客户端命令方式。

1. 安装ftp命令行程序

RHEL 8默认已安装ftp命令行程序。若卸载后想再次安装ftp命令行程序，可采用以下方法安装。

```
[root@ localhost ~ ]# dnf install ftp
```

2. 利用ftp命令行程序测试

格式：ftp [IP地址 | 主机名] [端口号]

功能：启动ftp命令行工具。

与FTP服务器建立连接后，用户需要输入用户名和密码，验证成功后用户才能对FTP服务器进行操作。无论验证成功与否，都将出现ftp提示符“ftp >”，等待用户输入相应的子命令。表9-4列出了ftp客户端的常用命令。

表9-4 ftp客户端常用命令

命　令	说　明
ls	查看FTP服务器当前目录下的内容
cd 目录名	切换到FTP服务器中指定的目录
pwd	显示FTP服务器的当前目录
mkdir [目录名]	在FTP服务器新建目录
rename 新文件名 原文件名	更改FTP服务器中指定文件的文件名
delete 文件名	删除FTP服务器中指定的文件
get 文件名	从FTP服务器下载指定的一个文件
mget 文件名列表	从FTP服务器下载多个文件，可使用通配符
put 文件名	向FTP服务器上传指定的一个文件
mput 文件名列表	向FTP服务器上传多个文件，可使用通配符
lcd 目录名	将本地机当前目录切换到指定目录
! 命令名 [选项]	执行本地机中可用的命令
?	显示帮助信息
quit 或 bye	退出ftp命令行工具

例如，客户端(IP为：192.168.0.1)以匿名用户身份登录FTP服务器(IP为：192.168.0.101)，查看可下载的文件。

```
[root@localhost~]# ftp 192.168.0.101
Connected to 192.168.0.101(192.168.0.101).
```

```
220(vsFTPd 2.2.2)
Name(192.168.0.101:root):ftp
331 Please specify the password.
Password:
230 Login successful.
Remote system type is UNIX.
Using binary mode to transfer files.
ftp>ls
227 Entering Passive Mode(192,168,0,101,124,111).
150 Here comes the directory listing.
drwxrwxrwx    2 0        0             4096 Jan 13 11:30 pub
226 Directory send OK.
ftp>cd pub
250 Directory successfully changed.
ftp>ls
227 Entering Passive Mode(192,168,0,101,165,24).
150 Here comes the directory listing.
-rwxrwxrwx    1 14       50               6 Jan 13 11:30 aaa.txt
226 Directory send OK.
```

下载 aaa.txt 文件，并退出 ftp 命令行程序。

```
ftp>get aaa.txt
local:aaa.txt remote:aaa.txt
227 Entering Passive Mode(192,168,0,101,136,179).
150 Opening BINARY mode data connection for aaa.txt(6 bytes).
226 Transfer complete.
6 bytes received in 0.036 secs(0.17 Kbytes/sec)
ftp>exit
221 Goodbye.
[root@localhost~]#
```

本章小结

Linux 系统中可以架设许多的网络服务器，提供各种网络服务。用于管理服务的 Shell 命令主要有 service、chkconfig 等。

为保证网络服务器能为用户提供安全可靠的服务，网络安全尤为重要，常用的网络安全措施有防火墙和 SELinux。

NFS 服务是在网络中不同计算机之间进行文件共享的一种方式。NFS 在文件传送或信息传送过程中依赖于 RPC 协议。NFS 服务所需的软件包为 nfs－utils 及 rpcbind，默认系统中均已安装，配置文件为/etc/exports。客户端的挂载方式分为手动挂载和自动挂载两种。

利用 Apache 软件可以架设 Web 服务器，其配置文件为/etc/httpd/conf/httpd.conf，根据 Apache 的默认设置，默认 Web 站点的相关文件保存在/var/www 目录。

利用 Vsftpd 软件可以架设 FTP 服务器，其主要配置文件为/etc/vsftpd/vsftpd.conf。编辑 vsftpd.conf 文件可设置 Vsftpd 服务器的相关功能。

习题

1. 选择题

(1) Web 服务的守护进程是哪个？ (　　)

A. lpd　　B. netd　　C. httpd　　D. inetd

(2) 关于 service 命令和 chkconfig 命令，以下哪个说法错误？ (　　)

A. service 命令立即生效，chkconfig 命令重启后生效

B. service 命令立即改变服务的运行状态

C. chkconfig 命令只能查看不同运行级别下服务是否自动启用，但不能修改

D. chkconfig 命令只能设置系统启动时服务是否自动启用

(3) iptables 命令的哪个匹配选项能指定数据包的所用协议？ (　　)

A. －i　　B. －p　　C. －s　　D. －d

(4) 如何编辑 SELinux 配置文件，才能在网络访问不符合 SELinux 安全规则时，自动屏蔽并发出警报信息？ (　　)

A. 设置 SELINUX 参数为 enforcing

B. 设置 SELINUX 参数为 permissive

C. 设置 SELINUXTYPE 参数为 enforcing

D. 设置 SELINUXTYPE 参数为 permissive

(5) Apache 配置文件中定义网站文件所在目录的选项是哪个？ (　　)

A. Directory　　B. DocumentRoot

C. ServerRoot　　D. DirectoryIndex

(6) Vsftpd 服务器为匿名服务器时，匿名用户可从哪个目录下载文件？ (　　)

A. /var/ftp　　B. /etc/vsftpd

C. /etc/ftp　　D. /var/vsftp

(7) 暂时退出 FTP 命令回到 Shell 中时应输入以下哪个命令？ (　　)

A. exit　　B. close　　C. !　　D. quit

2. 思考题

（1）简述建立 NFS 的工作步骤及相关命令。

（2）如何建立个人 Web 站点？

（3）FTP 服务器的远程访问有哪几种方式？它们各自的特点是什么？

参考文献

[1] 谢蓉. Linux 基础及应用[M]. 2 版. 北京:中国铁道出版社,2014.
[2] 文东戈,孙昌立,王旭. Linux 操作系统实用教程[M]. 北京:清华大学出版社,2010.
[3] 何世晓,田钧. Linux 系统管理员[M]. 北京:机械工业出版社,2007.
[4] 武伟. 操作系统教程[M]. 北京:清华大学出版社,2010.
[5] 孙斌. Linux 操作系统[M]. 西安:西安电子科技大学出版社,2014.
[6] 张小进. Linux 系统应用基础教程[M]. 北京:机械工业出版社,2008.
[7] 朱居正. Red Hat Enterprise Linux 实用教程[M]. 北京:清华大学出版社,2008.